高等学校“十二五”规划教材

给排水科学与工程专业应用与实践丛书

建筑给水排水工程习题集

王　宏　张林军 ■ 主编

张建昆　汪艳霞 ■ 副主编

化学工业出版社

·北京·

本书结合最新专业规范，与《建筑给水排水工程》一书配套，针对建筑给水、建筑排水、建筑消防、建筑热水、建筑饮水供应、建筑雨水、居住小区给排水、特殊建筑给水排水等方面编写了大量习题，可供给排水科学与工程、环境工程、市政工程等专业的高年级学生或设计人员使用，也可作为通过注册给排水工程师考试的自学练习用书。

图书在版编目（CIP）数据

建筑给水排水工程习题集/王宏，张林军主编．—北京：化学工业出版社，2014.1
高等学校“十二五”规划教材
（给排水科学与工程专业应用与实践丛书）
ISBN 978-7-122-19151-9

Ⅰ.①建…　Ⅱ.①王…②张…　Ⅲ.①建筑-给水工程-习题集②建筑-排水工程-习题集　Ⅳ.①TU82-44

中国版本图书馆CIP数据核字（2013）第283681号

责任编辑：徐　娟　　文字编辑：谢蓉蓉
责任校对：徐贞珍　　装帧设计：关　飞

出版发行：化学工业出版社（北京市东城区青年湖南街13号　邮政编码100011）
印　　装：三河市延风印装厂
787mm×1092mm　1/16　印张9½　字数239千字　2014年3月北京第1版第1次印刷

购书咨询：010-64518888（传真：010-64519686）　售后服务：010-64518899
网　　址：http://www.cip.com.cn
凡购买本书，如有缺损质量问题，本社销售中心负责调换。

定　　价：28.00元

丛书序

在国家现代化建设的进程中，生态文明建设与经济建设、政治建设、文化建设和社会建设相并列，形成五位一体的全面建设发展道路。建设生态文明是关系人民福祉，关乎民族未来的长远大计。而在生态文明建设的诸多专业任务中，给排水工程是一个不可缺少的重要组成部分。培养给排水工程专业的各类优秀人才也就成为当前一项刻不容缓的重要任务。

21 世纪我国的工程教育改革趋势是“回归工程”，工程教育将更加重视工程思维训练，强调工程实践能力。针对工科院校给排水工程专业的特点和发展趋势，为了培养和提高学生综合运用各门课程基本理论、基本知识来分析解决实际工程问题的能力，总结近年来给排水工程发展的实践经验，我非常高兴化学工业出版社能组织全国几十所高校的一线教师编写这套丛书。

本套丛书突出“回归工程”的指导思想，为适应培养高等技术应用型人才的需要，立足教学和工程实际，在讲解基本理论、基础知识的前提下，重点介绍近年来出现的新工艺、新技术与新方法。丛书中编入了更多的工程实际案例或例题、习题，内容更简明易懂，实用性更强，使学生能更好地应对未来的工作。

本套丛书于“十二五”期间出版，对各高校给排水科学与工程专业和市政工程专业、环境工程专业的师生而言，会是非常实用的系列教学用书。

薛启鹏

2013 年 2 月

前　言

建筑给水排水工程课程是高等院校给排水科学与工程专业的一门专业必修课，主要研究建筑内部的给水以及排水问题，为建筑提供必需的生产条件和舒适、卫生、安全的生活环境的一门学科，以保证建筑的功能及安全。

本书注重专业基本知识的习题练习，与《建筑给水排水工程》配套使用，共分建筑给水系统、建筑给水系统设计、建筑热水系统、建筑热水供应系统设计、建筑饮水供应系统、建筑消防系统、建筑排水系统、建筑雨水排水系统、居住小区给水排水和建筑中水工程、特殊建筑给水排水工程十章内容。题型分为填空题、单项选择题、多项选择题、问答题、计算题五种类型，所有题目附有参考答案，问答题、计算题附有详细解答过程。

本书注重采用国家最新技术规范和标准，参照了《建筑给水排水制图标准》（GB/T 50106—2010）、高层民用建筑设计防火规范（GB 50045—95）（2005 年版）、《建筑设计防火规范》（GB 50016—2006）、《建筑给水排水设计规范》（GB 50015—2003）（2009 年版）等国家颁布的最新规范和标准。本书注重规范意识的培养，参考答案中给出参考文献和规范、规程和图集，并针对部分给排水科学与工程专业设计常见问题及图示习题分析，引导学生阅读相关规范及条文说明。

本书第 1、2 章由内蒙古工业大学徐向荣、曹建军、郝勇编写，第 3 章由徐州工程学院陈斌编写，第 4 章由徐州工程学院张林军编写，第 5 章由徐州工程学院李莹编写，第 6 章由湖南工学院庞朝晖编写，第 7 章由徐州工程学院王宏编写，第 8 章由徐州工程学院张建昆编写，第 9 章由太原大学汪艳霞编写，第 10 章由南华大学李仕友编写。全书由徐州工程学院王宏、张林军统稿。

在本书的编写过程中，参考和选用了参考文献中的部分习题，在此表示衷心的感谢。由于编者水平有限，书中难免存在疏漏之处，恳请读者批评指正。

编　者

2013 年 11 月

目　录

1 建筑给水系统

1.1 填空题

1. 生活给水系统按供水水质又可分为________系统、________系统、__________系统。

2. 建筑给水系统应满足用水点对________、________、________的要求。

3. 建筑内部给水系统，一般有引入管、________、______、______、配水设施和计量仪表等组成。

4. 组合给水系统有：生活-生产给水系统、生活-消防给水系统、________、________。

5. 消火栓给水系统最低处消火栓，最大静水压力不应大于______，且超过______时应采取减压措施。

6. 管网叠压供水设备是近年发展起来的一种新的供水设备，是利用室外给水管网的________直接抽水增压的__________供水方式。

7. 分质给水方式即根据不同用途所需的__________，分别设置独立的给水系统。

8. 在无水箱的供水系统中，目前大都采用变频调速水泵，水泵的流量、扬程和功率分别和水泵转速的________、________和__________成正比。

9. 我国现行《建筑给水排水设计规范》（GB 50015—2003）（2009 年版）规定：分区供水的目的不仅是为了防止______，而且可避免__________造成不必要的浪费。

10. 在初步确定给水方式时，对层高不超过 3.5m 的民用建筑，给水系统所需压力 H（自地面算起），可用经验法估算：即 $H=$______________，其中 $n\geqslant 2$。

11. 在建筑分区给水系统中，对静水压力大于________的入户管（或配水管），宜设______或______措施。

12. 我国建筑给水系统中多采用________水表。

13. 生活、生产、消防共用调速水泵，在消防时其流量除保证______用水总量外，还应保证__________用水量的要求。

14. 给水管道上使用的阀门，管径不大于______时，宜采用截止阀，管径大于______时，宜采用闸阀、蝶阀。

15. 用于给水分区的减压阀应采用既减______又减______的阀门。

16. 按气压给水设备输水压力稳定性，可分为______和________两类。

17. 离心泵的工作方式有____________和______________两种。设水泵的室内给水系统大多与高位水箱联合工作，为了减少水箱的容积，________易满足此种要求。

18. 高位水箱消防贮备水量用以扑救初期火灾，一般贮存________时间的室内消防设计流量。

1.2 单项选择题

1. 按供水用途的不同，建筑给水系统可分为三大类：(　　)。

A. 生活饮用水系统、杂用水系统和直饮水系统

B. 消火栓给水系统、生活给水系统和商业用水系统

C. 消防给水系统、生活给水系统和生产给水系统

D. 消防给水系统、生活饮用水系统和生产工艺用水系统

2. 高层建筑生活给水系统各分区最低卫生器具配水点处静水压不宜大于（　　）。

A. 0.25MPa　　B. 0.30MPa　　C. 0.35MPa　　D. 0.45MPa

3. 某六层住宅，层高为3.5m，用经验法估算从室外地面算起该给水系统所需的压力为(　　)。

A. 200kPa　　B. 240kPa　　C. 250kPa　　D. 280kPa

4. 用于给水分区的减压阀组供水保证率要求高，在停水会引起重大经济损失的给水管道上设置减压阀时，宜由（　　）。

A. 两个减压阀，并联设置，互为备用，应设旁通管

B. 两个减压阀，并联设置，互为备用，不应设旁通管

C. 两个减压阀，串联设置，互为备用，不应设旁通管

D. 一个减压阀，不应设旁通管

5. 下列建筑中水供水管道材质的选用哪项不符合要求？(　　)

A. 塑料给水管　　B. 塑料和金属复合管　　C. 热镀锌铜管　　D. 碳钢管

6. 直接给水方式是依靠外网压力的给水方式，由室外给水管网直接供水，适用于室外给水管网的水量、水压在（　　）内均能满足用水要求的建筑。

A. 1h　　B. 2h　　C. 24h　　D. 48h

7. 依靠外网压力的给水方式是（　　）。

A. 分区给水方式　　B. 气压给水方式

C. 直接给水方式和设水箱供水方式　　D. 设水泵供水方式和设水泵、水箱供水方式

8. 图1-1为室内给水系统，有几处应设而漏设阀门？(　　)

A. 1处　　B. 2处　　C. 3处　　D. 4处

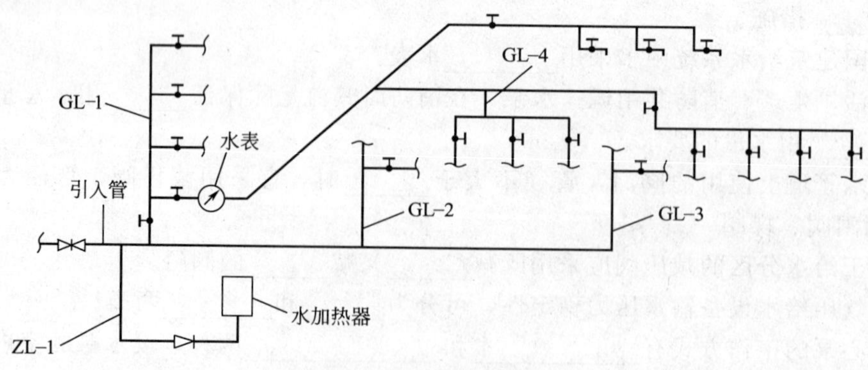

图1-1　题8图

9. 下述某工程卫生间用的给水管及其敷设方式中，哪一项是正确合理的？(　　)

A. 选用PP-R聚丙烯管，热熔连接，敷设在结构板内

B. 选用PP-R聚丙烯管，热熔连接，敷设在地面找平层内

C. 选用PP-R聚丙烯管，热熔连接，靠墙、顶板明设

D. 选用薄壁不锈钢管，卡环式连接，敷设在找平层内

10. 下面关于给水管井布置的叙述中，哪项是错误的？（　　）

A. 居住小区的室外给水管网宜布置成环状，室内生活给水管网宜布置成枝状

B. 居住小区的室外给水管网均宜布置成环状

C. 给水管、热水管、排水管同沟敷设时，给水管应在热水管之下，排水管之上

D. 同沟敷设的给水管、热水管、排水管之间净距宜≥0.3m

11. 给水管道的（　　）等阀件前应设置过滤器。

A. 闸阀　　B. 减压阀　　C. 止回阀　　D. 泄水阀

12. 水表节点上包含（　　）。

A. 过滤器　　B. 减压阀　　C. 止回阀　　D. 泄水装置

13. 下列有关建筑生活给水系统组成的说法中，哪项最准确？（　　）

A. 利用加压供水时，必须设置调节构筑物如水箱（池）

B. 利用市政供水压力直接供水时，没必要设置调节构筑物如水箱（池）

C. 当市政供水量不满足高峰用水量要求时，必须设置调节构筑物如水箱（池）

D. 当市政供水压力在高峰期不能满足设计水压要求时，必须设置加压供水设备

14. 当给水管网中无水量调节设施时，水厂二级泵房供水泵按下列哪项选型？（　　）

A. 根据水泵效率曲线选择最高效率点

B. 选择最高效率点一侧效率曲线上升区段间的点，并位于高校区

C. 选择最高效率点一侧效率曲线下降区段间的点，并位于高校区

D. 处于高校区即可

15. 某建筑生活给水系统供水方式为：市政供水管→贮水池→变频供水设备→系统用水点。下列关于该建筑生活给水系统设计流量计算的叙述中，哪项是错误的？（　　）

A. 贮水池进水管设计流量可按该建筑最高日最大时用水量计算

B. 贮水池进水管设计流量可按建筑最高日平均时用水量计算

C. 变频供水设备的设计流量应按该建筑最高日最大时用水量计算

D. 变频供水设备的设计流量应按建筑生活给水系统设计秒流量计算

16. 水表只允许短时间使用的上限流量称为（　　）。

A. 分界流量　　B. 始动流量　　C. 常用流量　　D. 过载流量

17. 给水管道上使用的阀门，需调节流量、水压式时，宜采用（　　）。

A. 截止阀、蝶阀　　B. 截止阀、止回阀

C. 调节阀、止回阀　　D. 调节阀、截止阀

18. 下述高层建筑生活给水系统的竖向分区要求中，哪项是错误的？（　　）

A. 高层建筑生活给水系统的竖向分区的配水管配水横管进口水压宜小于0.1MPa

B. 生活给水系统的竖向分区各区最低卫生器具配水点的静水压力不宜大于0.45MPa

C. 生活给水系统不宜提倡以减压阀分区作为主要供水方式

D. 竖向分区采取水泵直接串联供水方式，各级提升泵连锁，使用时先启动下一级泵，再启动上一级泵

19. 以下居住小区的给水系统的水量要求和建筑给水方式的叙述中，哪项是错误的？（　　）

A. 居住小区的室外给水系统，其水量只需满足居住小区内全部生活用水的要求

B. 居住小区的室外给水系统，其水量应满足居住小区内全部用水的要求

C. 当市政给水管网的水压力不足，但水量满足要求时，可采用设置吸水井和加压设备的给水方式

D. 室外给水管网压力周期性变化，高时满足要求，低时不能满足要求时，其室内给水可采用单设高位水箱的给水方式

20. 某宾馆集中供应冷、热水，客房卫生间设洗脸盆、浴盆及大便器各一套，其中洗脸盆、浴盆均安装混合水嘴，大便器带低水箱冲洗，则各客房卫生间冷水进水管的设计秒流量应为下列哪个值？（　　）

A. 0.40L/s　　B. 0.49L/s　　C. 0.71L/s　　D. 0.78L/s

1.3 多项选择题

1. 塑料管常用的连接方式有（　　）。

A. 粘接　　B. 热熔连接　　C. 螺纹连接　　D. 法兰连接

2. 消防给水系统主要包括（　　）等消防设施的用水。

A. 室外消火栓　　B. 室内消火栓　　C. 自动喷水灭火系统　　D. 消防卷盘

3. 给水管网包括（　　），用于将水输送和分配至建筑物内部的各个用水点。

A. 引入管　　B. 干管　　C. 立管　　D. 支管

4. 气压式给水装置可分为（　　）。

A. 分区、串联供水　　B. 分区、并联供水

C. 变压式供水　　D. 定压式供水

5. 给水管道设置阀门的部位包括（　　）。

A. 入户管、水表前和各分支立管

B. 居住小区给水干管上接出的支管起端或接户管起端

C. 居住小区给水管道从市政给水管道的引入管段上

D. 配水点的配水支管上

6. 给水管道上使用的阀门，一般可按下列原则选择：水流需双向流动的管段上，应采用（　　）。

A. 闸阀　　B. 截止阀　　C. 蝶阀　　D. 止回阀

7. 水表按计数器的工作现状分类，有（　　）。

A. 湿式水表　　B. 干式水表　　C. 液封式水表　　D. 干湿式水表

8. 以下关于建筑给水的几种基本给水系统的论述哪几项是正确的？（　　）

A. 生活给水系统、生产给水系统、消防给水系统

B. 生活给水系统、生产给水系统、消防给水系统、组合给水系统

C. 生活给水系统、生产给水系统、组合给水系统

D. 生活给水系统、生产给水系统、消防给水系统，而生活、生产、消防给水系统又可组成组合给水系统

9. 以下关于室内给水管道布置的叙述中，哪几项是错误或不合理的？（　　）

A. 室内给水管道宜成环状布置，以保证安全供水

B. 室内冷、热水管布置时，冷水管应位于热水管的下方或左侧

C. 给水管不得敷设在电梯井内、排水沟内，且不宜穿越风道、橱窗和橱柜
D. 给水管不宜穿越伸缩缝、沉降缝或变形缝

10. 生活饮用水包括（　　）等用水。

A. 饮用　　B. 盥洗　　C. 沐浴　　D. 冲厕

11. 给水系统的下列哪些管段上应装设水表？（　　）

A. 小区的引入管　　B. 浇洒道路和绿化用水的配水管上
C. 居住建筑和公共建筑的引入管　　D. 住宅和公寓的进户管

12. 下列有关建筑给水系统分类及其水质要求的说法中，哪几项是错误的？（　　）

A. 供绿化和冲洗道路的中水供水系统属于生活用水系统
B. 生产给水系统对水质的要求高于生活杂用水，但低于生活饮用水
C. 车间内为卫生间、浴室的给水系统属于生产给水系统
D. 建筑给水系统中管道直饮水水质标准要求最高

13. 某建筑高区生活给水系统拟采用以下三种供水方案：

方案①：市政供水管→叠压供水设备→系统用水点；
方案②：市政供水管→调节水池→变频供水设备→系统用水点；
方案③：市政供水管→调节水池→水泵→高位水箱→系统用水点。
下列关于上述供水设计方案比选的叙述中，哪几项正确？（　　）

A. 供水水量可靠、水压稳定性：③＞②＞①
B. 供水水质保证复杂程度：①＞②＞③
C. 系统控制复杂程度：方案①和②一样，但均比方案③复杂
D. 配水管网的设计供水量：方案①、②相同，但均比方案③高

14. 给水水箱（　　）上不许装阀门。

A. 泄水管　　B. 溢流管　　C. 通气管　　D. 出水管

15. （　　）用户不得采用管网叠压供水。

A. 生活给水　　B. 供水保证率要求高、不允许停水的
C. 生产给水　　D. 用水时间过于集中、瞬间用水量过大且无有效调贮措施的

16. 以下关于给水水质的叙述中，哪几项不正确？（　　）

A. 建筑生活给水系统不采取防污染措施，就无法保证用水点的水质合格
B. 给水系统提供给居民的生活饮用水必须把水的卫生安全性放在首要而不是水的营养性
C. 建筑生活给水的主要任务是满足用户的水量与水压要求，水质由城市水厂和市政管网处理解决
D. 当水厂出水满足生活饮用水卫生标准时，建筑生活给水系统无需设置水处理设施

1.4　问答题

1. 室内给水方式有哪几种？各自适用什么条件？
2. 常用的复合管材如铝塑复合管主要优点是什么？主要采用什么连接方式？
3. 在给水系统中控制附件的作用和基本要求是什么？
4. 简述水泵选择的原则是什么？
5. 为什么高层建筑给水系统需要分区？

6. 试述如何选用水表？

7. 自动喷水灭火系统静水压力应控制的范围是什么？

8. 分质供水怎样供水？

1.5 计算题

1. 有一住宅五层楼，层高为 3.0m。经验估算从地面算起该给水系统所需的给水压力。

2. 某一水泵从水池抽水，供给室内给水系统，已知贮水池最低工作水位至最不利配水点位置高度所计算的静水压是 500kPa，水泵吸水管和出水管至最不利配水点计算管路的总水头损失为 15kPa，最不利配水点所需压力为 50kPa，试确定水泵最小扬程。

3. 某住宅小区共有三栋楼共 300 户，每户人口按 3.5 人计，用水量定额 250L/(人·d)，小时变化系数 K_h 为 2.5，采用隔膜式气压供水装置，试计算气压罐总容积。

4. 某水箱采用水泵自动启动供水，已知水泵出水量为 $50m^3/h$，试计算该水箱的有效容积。

5. 常规供水方式设有水池或水箱，将市政供水管网中 10～20m 的余压泄为 0 后，再进行二次加压，而管网叠压供水方式可以充分利用市政供水管网的余压叠加进行供水。如按平均利用 10m 市政供水管网水计算，每天 1 万吨的供水规模，一年可节约电多少度；若最不利点所需压力为 50m，较常规供水方式的二次增压模式节能效果为多少？

1.6 参考答案

1.1 填空题

1. 生活饮用水　直饮水　杂用水
2. 水质　水量　水压
3. 给水管道　给水附件　给水设备
4. 生产-消防给水系统　生活-生产-消防给水系统
5. 1.00MPa　0.50MPa
6. 余压　二次
7. 不同水质
8. 一次方　二次方　三次方
9. 损坏给水配件　供水压力过高
10. 120＋40×(n－2)kPa
11. 0.35MPa　减压　调压
12. 速度式
13. 消防　生活及生产
14. 50mm　50mm
15. 动压　静压
16. 变压式　定压式
17. 吸入式　灌入式　灌入式
18. 10min

1.2 单项选择题

1. C　2. D　3. D　4. B　5. D　6. C　7. C　8. D　9. B　10. B

11. B　12. D　13. C　14. C　15. C　16. D　17. D　18. A　19. A　20. A

1.3 多项选择题

1. ABCD　2. ABCD　3. BCD　4. CD　5. ABC　6. AC　7. ABC
8. AD　9. ABC　10. ABC　11. ABCD　12. BCD　13. AB　14. BC
15. BD　16. CD

1.4 问答题

1. 答：直接给水方式，适用于室外给水管网的水量、水压在一天内均能满足用水要求的建筑。单水水箱的给水方式，适用于室外给水管网供水压力周期性不足时或室内要求压力稳定的建筑。水泵水箱联合给水方式，适用于室外给水管网压力低于或经常不满足建筑内给水管网所需水压，且室内用水不均匀的建筑。气压给水方式，适用于室外给水管网水压低于或经常不能满足建筑内给水管网所需水压，室内用水不均匀，且不宜设置高位水箱的建筑。变频调速给水方式，适用于生产车间、住宅楼或居住小区集中加压供水系统、水泵开停采用自控或采用变速电机带动水泵的建筑。分区给水方式，适用室外给水管网的压力只能满足建筑下几层供水要求时的层数较多的建筑。

2. 答：除具有塑料管的优点外，还有耐压强度好、耐热、可绕和美观的优点，宜采用卡套式连接。

3. 答：(1) 控制附件的作用是调节水量和水压、关断水流、控制水流方向和水位。(2) 控制附件基本要求是符合性能稳定、操作方便、便于自动控制、精度高等。

4. 答：在满足给水系统所需的水压用水量条件下，水泵的工况点位于水泵特性曲线的高效段。

5. 答：对于建筑高度较大的高层建筑，由于升压、贮水设备供水的区域如果采用同一给水系统，建筑低层管道系统的静水压力会很大，因此会产生以下弊端：①必须采用高压管材、零件及器材，使设备材料费用增加；②容易产生水锤及水锤噪声，配水龙头、阀门等附件易被磨损，使用寿命缩短；③低层水龙头的流出水头过大，不仅使水流形成射流喷溅，影响使用，而且管道流速增加，导致产生流水噪声。为了降低管道中的静水压力，消除或减轻上述弊端，当建筑物达到一定高度时，给水系统需作竖向分区，即在建筑物的垂直方向按一定高度依次分为若干供水区域，每个供水区域分别组成各自独立的给水系统。

6. 答：①应根据用水量及其变化幅度、水质、水温、水压、水流方向、管道口径、安装场所等因素经过比较后确定。

②旋翼式水表一般为小口径（$\leqslant DN50$mm）水表，叶轮转轴与水流方向垂直，水流阻力较大，始动流量和计量范围较小，适用于用水量及逐时变化幅度都比较小的用户；螺翼式水表一般为大口径（$\geqslant DN50$mm）水表，叶轮转轴与水流方向平行，水流阻力较小，始动流量和计量范围较大，适用于用水量大的用户；对流量变化幅度非常大的用户，应用复式水表。干式水表的计数机件与水隔离，计量精度较高，适用于水质浊度较大的场所；湿式水表的计数机件浸泡在水中，结构简单，精度较高，但要求水质纯净。水温≤40℃时选用冷水表，水温>40℃时选用热水表。安装在住户室内的分水表应选用远传水表或IC卡智能水表。

7. 答：自动喷水灭火系统管网的工作压力应控制在1.2MPa以下，最低喷头处的最大静水压力不应大于1.0MPa，其竖向分区按最低喷头处最大静水压力不应大于0.8MPa进行控制，若超过0.8MPa，应采取减压措施。

8. 答：分供直饮水、自来水、中水。

1.5 计算题

1. 答：$H=120+40\times(n-2)$kPa，所需的给水压力为240kPa。

2. 答：$H_b \geqslant H_1+H_2+H_4$，水泵扬程 $H_b \geqslant 565$kPa。

3. 答：该小区最高日最大小时用水量 $Q=27.34\text{m}^3/\text{h}$，水泵出水量 $q_b=32.81\text{m}^3/\text{h}$，$\alpha_a=1.3$，$\eta_q=6$，气压罐的调节总容积：$V_{q1}=1.78\text{m}^3/\text{h}$。

取 $\alpha_b=0.8$，$\beta=1.05$，则气压罐总容积：$V_q=9.35\text{m}^3/\text{h}$。

4. 答：取 $K_b=6.0$，$C=2.0$，水箱有效容积 $V=4.16\text{m}^3/\text{h}$。

5. 答：(1) 一年可节约用电：

$$W=\gamma QHt=9.8\times(1\times10^4/86400)\times10\times365\times24\approx1.0\times10^5\,\text{kW}\cdot\text{h}$$

(2) 最不利点所需压力为50m，节能效果为：

$$\eta=10/50=20\%$$

2 建筑给水系统设计

2.1 填空题

1. 生活用水量的特点是用水量________。一般生产用水量比较均匀。消防用水量的特点是__________。

2. 用水定额主要有________、________、________用水定额。

3. 住宅的最高日用水定额及小时变化系数是根据________、________、________和______等因素确定。

4. 选择给水方式，可按建筑的层数粗略估计所需最小服务压力值，从地面算起，一般建筑物一层需要________kPa，二层为________kPa，三层及三层以上的建筑物，每增加一层增加________kPa。

5. 给水管道的布置按水平干管的敷设位置可分为________、________和________三种形式。

6. 生活饮用水池（箱）应与其他用水的水池（箱）________设置。

7. 当生活饮用水水池（箱）内的贮水在________h 内不能得到更新时，应设置______装置。

8. ______生活饮用水管道与大便器（槽）________连接。

9. 建筑内的生活用水量在________、________都是不均匀的，为保证用水，生活给水管道的设计流量应为建筑内卫生器具按最不利情况组合出流的______流量，又称室内给水管网的设计秒流量。

10. 建筑内给水管道设计秒流量的确定方法世界各国都做了大量研究，归纳起来有三种，分别是______、______和________。

2.2 单项选择题

1. 一个卫生器具给水当量的额定流量是（　　）。

A. 0.11.2L/s　　B. 0.2L/s　　C. 0.3L/s　　D. 0.4L/s

2. 生活用水标准［L/(人·d)］的主要影响因素是（　　）。

A. 建筑物使用年限　　B. 建筑物使用性质

C. 卫生器具和用水设备的完善程度　　D. 水价

3. 某企业职工食堂与厨房相连，给水引入管仅供厨房和职工食堂用水。厨房、职工食

堂用水器具额定流量、当量数见表2-1，则引入管流量应为以下哪项？（　　）

表2-1　题3表

序号	名称	额定流量/(L/s)	当量	数量/个
1	职工食堂洗碗台水嘴	0.15	0.75	6
2	厨房污水盆水嘴	0.2	1	2
3	厨房洗涤池水嘴	0.3	1.5	4
4	厨房开水器水嘴	0.2	1	1

A. 2.04L/s　　B. 1.80L/s　　C. 2.70L/s　　D. 1.14L/s

4. 某建筑给水系统所需压力为200kPa，选用隔膜式气压给水设备升压供水。经计算气压水罐水容积为0.5m³，气压水罐内的工作压力比为0.65，求压气水罐总容积V_q和该设备运行时气压罐压力表显示的最大压力P_{2a}应为下列哪项值？（注：以$1kgf/cm^2=9.80665\times10^4Pa$计）（　　）

A. $V_q=1.43m^3$　$P_{2a}=307.69kPa$　　B. $V_q=1.50m^3$　$P_{2a}=307.69kPa$

C. $V_q=1.50m^3$　$P_{2a}=360.46kPa$　　D. $V_q=3.50m^3$　$P_{2a}=458.46kPa$

5. 高层建筑给水系统应竖向分区，分区最底层卫生器具配水点处的静水压不宜大于（　　）。

A. 0.25MPa　　B. 0.30MPa　　C. 0.35MPa　　D. 0.45MPa

6. 某高级宾馆内设总统套房两套（每套按8床位计）；高级豪华套房20套（每套按2床位计）；高级标准间280套（每套按2床位计）；配有员工110人，该建筑物底层设有生活用水调节水池。当用水量标准均取高值时，其调节水池最小有效容积为下列哪项？（　　）

A. 64.35m³　　B. 51.48m³　　C. 62.35m³　　D. 59.60m³

7. 某办公楼给水系统，水泵从贮水池吸水供至屋顶水箱，贮水池最低水位标高为－3.50m，池底标高－4.5m；屋顶水箱底标高为38.5m，最高水位标高为40.00m：已知管路总水头损失为4.86m，水箱进水口最低工作压力以2m水柱计，则水泵所需扬程至少为（　　）。

A. 48.86m　　B. 49.30m　　C. 51.36m　　D. 50.36m

8. 宿舍根据卫生器具设置标准分为Ⅰ、Ⅱ、Ⅲ、Ⅳ类，Ⅲ类为（　　）。

A. 每居室1人，有单独卫生间　　B. 每居室2人，有单独卫生间

C. 每居室3～4人，有单独卫生间　　D. 每居室6～8人，有集中盥洗间

9. 要满足建筑物内给水系统各配水点单位时间内使用所需的水量，给水系统的水压应保证最不利配水点具有足够的流出水头。其中实验室化验水嘴所需最低工作压力为（　　）。

A. 0.020MPa　　B. 0.030MPa　　C. 0.040MPa　　D. 0.050MPa

10. 某工程高区给水系统采用调速泵加压供水，最高日用水量为140m³/d水泵设计流量为20m³/h，泵前设吸水池，其市政供水补水管的补水量为25m³/h，则吸水池最小有效容积V为下列哪一项？（　　）

A. $V=1m^3$　　B. $V=10m^3$　　C. $V=28m^3$　　D. $V=35m^3$

11. 某10层住宅（层高2.8m）的供水系统如图2-1所示，低层利用市政管网直接供水，可利用的水压为0.22MPa，初步确定其中合理的给水系统是哪一项？（　　）

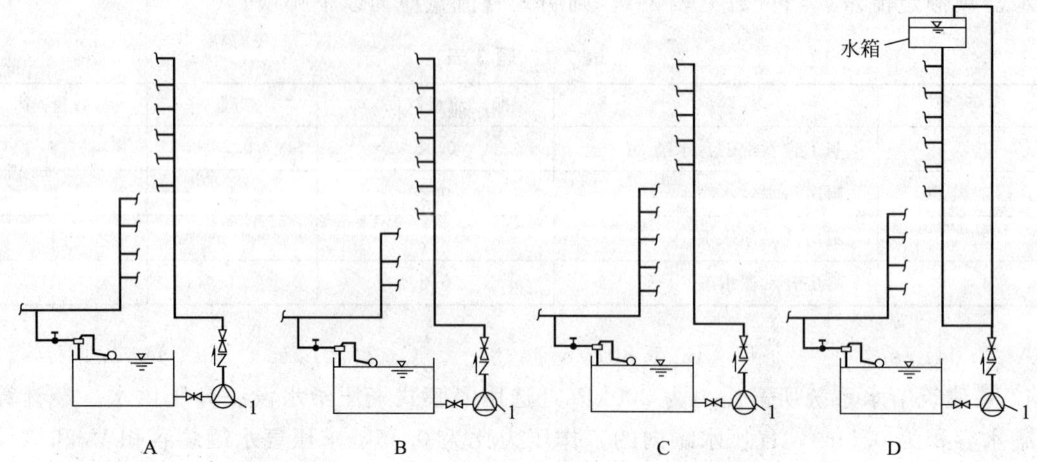

图 2-1 题 11 图

1—变频调速泵

12. 如图 2-2 所示为某建筑办公与集体宿舍公共用水引入管的简图，其给水支管的设计秒流量为 q_1、q_2；根据建筑功用途而定的系数为 α_1、α_2；管段当量总数为 Ng_1、Ng_2，则给水引入管的设计秒流量 q_0 应为下面哪一项？（　　）

A. $q_0=0.2\alpha_1\sqrt{Ng_1}+0.2\sqrt{Ng_2}$

B. $q_0=0.2\times\dfrac{\alpha_1 Ng_1+\alpha_2 Ng_2}{Ng_1+Ng_2}\sqrt{Ng_1+Ng_2}$

C. $q_0=0.2\times\dfrac{\alpha_1+\alpha_2}{2}\sqrt{Ng_1+Ng_2}$

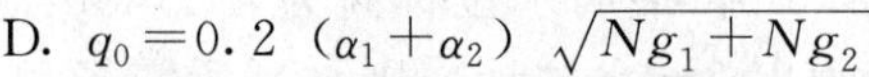

D. $q_0=0.2（\alpha_1+\alpha_2）\sqrt{Ng_1+Ng_2}$

图 2-2 题 12 图

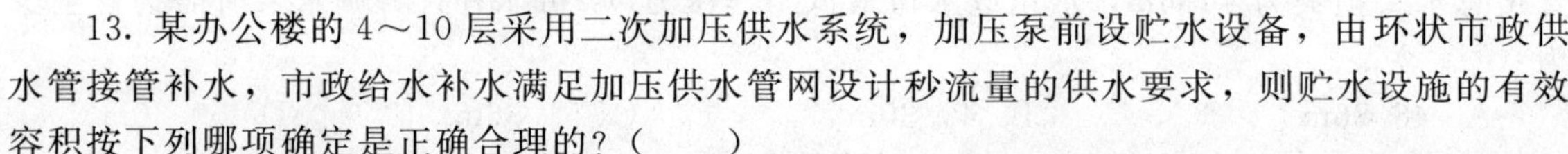

13. 某办公楼的 4～10 层采用二次加压供水系统，加压泵前设贮水设备，由环状市政供水管接管补水，市政给水补水满足加压供水管网设计秒流量的供水要求，则贮水设施的有效容积按下列哪项确定是正确合理的？（　　）

A. 按最高日用水量的 20％计算　　B. 按最高日用水量的 25％计算

C. 按最高日用水量的 50％计算　　D. 按 5min 水泵设计秒流量计算

14. 如图 2-3 所示 q_1、q_2、q_3 不同计算流量值见表 2-2，在正常用水工况下，引入管设计流量 q_0 应为以下哪项？（　　）

A. 16L/s　　B. 22L/s　　C. 23L/s　　D. 18L/s

表 2-2　题 14 表

流量	最高日平均时流量	最高日最大时流量	设计秒流量
q_1	3	5	10
q_2	4	7	12
q_3	—	—	6

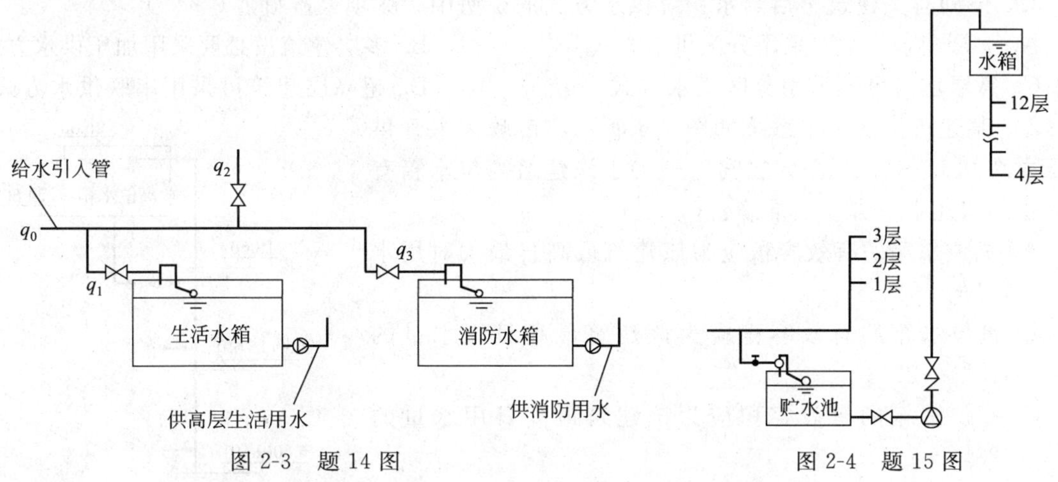

图 2-3　题 14 图　　　　图 2-4　题 15 图

15. 某 12 层医院的供水系统如图 2-4 所示，设计参数为：总人数 960 人，每层 80 人，最高日用水定额以 200L/(人・d) 计，小时变化系数为 2.5～2.0，使用时间 24h，则该系统低位贮水池最小容积 V_1 和高位水池最小注水容积 V_2 应为以下哪项？(　　)

A. $V_1=28.8\text{m}^3$　$V_2=6\text{m}^3$　　B. $V_1=38.4\text{m}^3$　$V_2=8\text{m}^3$

C. $V_1=28.8\text{m}^3$　$V_2=8\text{m}^3$　　D. $V_1=38.4\text{m}^3$　$V_2=6\text{m}^3$

16. 某 5 层住宅给水系统的市政管网供水压力为：夜间 0.28MPa；白天 0.19MPa，如图 2-5 所示住宅四种给水方式简图，其中最合理、节能的是哪一项？(　　)

A. 图(a)　　B. 图(b)　　C. 图(c)　　D. 图(d)

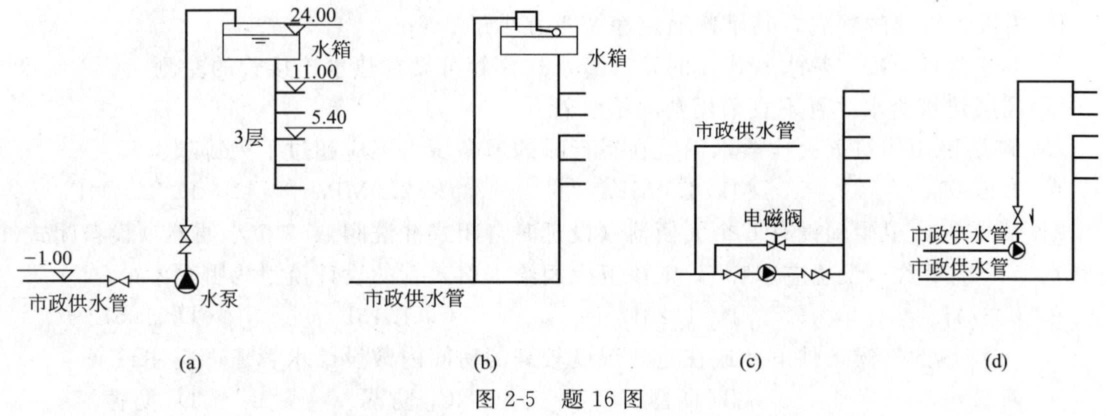

图 2-5　题 16 图

17. 下述不是水质污染的原因是（　　）。

A. 贮水池管道选择不当

B. 贮水箱的制作材料或防腐涂料选择不当

C. 在空气湿度较高的房间设给水管道

D. 非饮用水或其他液体倒流入生活给水管道

18. 最大时用水量指（　　）。

A. 一年内某一天平均时用水量乘以时变化系数后的用水量

B. 最高日用水时间内最大一小时的用水量

C. 一年内某一天用水时间最大一小时的用水量

D. 平均日用水时间内，最大一小时的用水量

19. 下列有关建筑生活给水系统供水方式的说法中，哪项最准确？（　　）

A. 多层建筑没必要采用分区供水方式　　B. 多层建筑没必要采用加压供水方式

C. 高层建筑可不采用分区供水方式　　D. 超高层建筑可采用串联供水方式

20. 某建筑生活给水系统如图 2-6 所示，市政供水管供水压力在 0.15～0.35MPa 之间，则关于该建筑高位水箱有效容积的叙述中，哪项最准确？（　　）

A. 高位水箱的有效容积应为该建筑最高日最大时用水量的 50%

B. 高位水箱的有效容积应为该建筑最高日用水量的 15%～20%

C. 高位水箱的有效容积应为该建筑最高日用水量的 20%～25%

D. 高位水箱的有效容积应为最高日该水箱供水的连续供水时间内该水箱的最大供水量

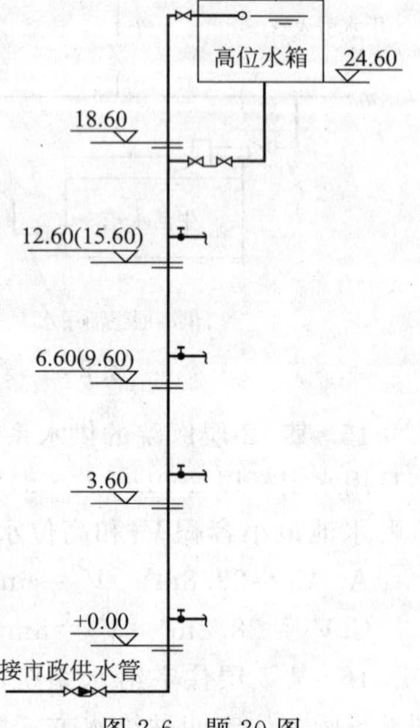

图 2-6　题 20 图

21. 计算居住小区室外给水管道设计流量时，下列哪种因素不必考虑？（　　）

A. 服务人数　　B. 小区内建筑高度

C. 用水定额　　D. 卫生器具设置标准

22. 下列关于建筑给水管材设计选型及管道设置、敷设的叙述中，哪项是错误的？（　　）

A. 管材、管件的公称压力应不小于其管道系统的工作压力

B. 需进人维修的管进，其维修通道净宽不宜小于 0.6m

C. 卫生器具与冷、热水管连接时，其冷水连接管可设在热水连接管的左侧

D. 高层建筑给水立管不宜采用塑料给水管

23. 高层民用建筑灭火栓给水系统在运行时的最高压力不应超过下列哪项？（　　）

A. 1.2MPa　　B. 1.6MPa　　C. 2.0MPa　　D. 2.4MPa

24. 某车间内卫生间设有 6 个大便器（设延时自闭式冲洗阀）、3 个小便器（设自闭式冲洗阀）、4 个洗手盆（设感应水嘴），则该卫生间给水引入管的设计流量为哪项？（　　）

A. 0.374L/s　　B. 1.20L/s　　C. 1.43L/s　　D. 1.5L/s

25. 在湿热的气候条件下，或在空气湿度较高的房间内敷设给水管道，应注意（　　）。

A. 防腐　　B. 防露　　C. 防漏　　D. 防振

26. 建筑物内的给水管道流速最大不超过（　　）。

A. 1m/s　　B. 2m/s　　C. 3m/s　　D. 4m/s

27. 某医院住院部共有 576 个床位，全日制供水，用水定额为 400L/(床·d)，小时变化系数 $K_h=2.5$，卫生器具给水当量总数 $N=625$。其给水系统由市政管网直接供水，则安装在引入管上总水表（水表流量参数见表 2-3）的口径应为哪项？（　　）

表 2-3　水表流量参数　　m^3/h

公称口径 DN/mm	过载流量	常用流量	分界流量	最小流量
32	19.2	9.6	4.2	0.1
40	24.0	12.0	8.3	0.2

续表

公称口径 DN/mm	过载流量	常用流量	分界流量	最小流量
50	36.0	18.0	12.0	0.4
80	72.0	36.0	16.0	1.1

A. DN32mm　　B. DN40mm　　C. DN50mm　　D. DN80mm

2.3　多项选择题

1. 建筑内部给水系统的管路图式有：(　　)。

A. 直接给水方式　　B. 升压给水方式　　C. 上行下给式　　D. 下行上给式

2. 为避免管道渗漏，造成配电间电气设备故障或短路，管道不能从配电间通过，不得穿越(　　)房间。

A. 变、配电间　　B. 计算机网络中心　　C. 卧室　　D. 书房

3. 生活用水高位(屋顶)水箱调节容积的方法哪几项是正确的？(　　)

A. 由城市给水管网夜间直接进水的高位水箱，宜按用水人数和最高日用水定额确定

B. 由城市给水管网夜间直接进水的高位水箱，宜按最大小时用水量的1.5倍确定

C. 由水泵联动提升进水的高位水箱，不宜小于最大用水时水量的50%

D. 由水泵联动提升进水的高位水箱，不宜小于平均小时用水量的50%

4. 水表的选择包括确定水表类型及口径。水表类型应根据各类水表特性和安装水表管段通过水流的(　　)等情况选定。

A. 水质　　B. 水压　　C. 水温　　D. 水量

5. 不同材质管道的局部水头损失估算值，局部损失占沿程损失的百分数为25%～30%的管材质是(　　)。

A. 铜管　　B. PP-R　　C. PEX　　D. PVC-C

6. 某小区从城市给水环网东西两侧平管分别连接引入管，小区内室外给水平管与市政管网连接成环，引入管上水表前供水压力为0.25MPa(从地面算起)，若不计水表及小区内管网水头损失，则下述小区住宅供水方案中哪几项是正确合理的？(　　)

A. 利用市政供水压力直接供至5层，6层及6层以上采用变频加压供水

B. 利用市政供水压力直接供至4层，5层及5层以上采用变频加压供水

C. 利用市政供水压力直接供至3层，4层及4层以上采用变频加压供水

D. 利用市政供水压力直接供至4层，5层及5层以上采用水泵加高位水箱供水

7. 图2-7所示为设在建筑物内的居住小区加压泵站生活引用水池平面布置与接管示意，图中错误的是哪几项？(　　)

A. 两格水池大小相差太大　　B. 左池溢、泄水管可取消，共用右池溢、泄水管

C. 进出水管同侧　　D. 水池后侧距墙500mm，距离太小

8. 某高层建筑市区供水系统由市政供水管、贮水池、加压泵和高位水箱组成(见图2-8)。系统设计参数为：最高平均时流量12m³/h；最高日最大时流量25m³/h；配水管设计流量51m³/h。则下列各管段的设计流量值哪几项是错误或不合理的？(　　)

A. $q_1=12\text{m}^3/\text{h}$，$q_2=25\text{m}^3/\text{h}$，$q_3=51\text{m}^3/\text{h}$

B. $q_1=12\text{m}^3/\text{h}$，$q_2=51\text{m}^3/\text{h}$，$q_3=51\text{m}^3/\text{h}$

C. $q_1=25\text{m}^3/\text{h}$，$q_2=25\text{m}^3/\text{h}$，$q_3=51\text{m}^3/\text{h}$

D. $q_1=12\text{m}^3/\text{h}$，$q_2=25\text{m}^3/\text{h}$，$q_3=25\text{m}^3/\text{h}$

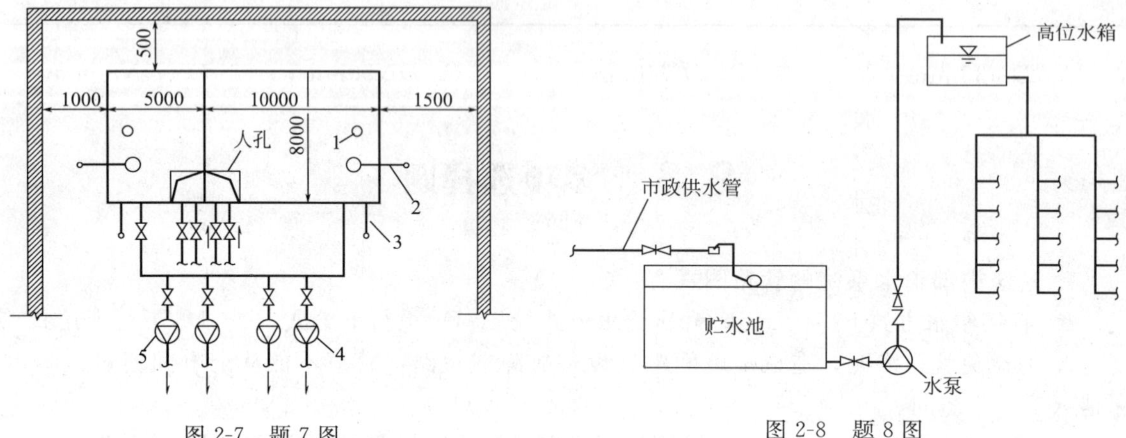

图 2-7　题 7 图

1—通气管；2—溢、泄水管；3—水位计；4—高区加压泵；5—低区加压泵

图 2-8　题 8 图

9. 某 20 层办公楼，层高 3.0m，分高、中、低三层供水，低区为－2～4 层，中区 5～12 层，高区 13～20 层，分区后各区最低层卫生器具配水点静水压力均小于 350kPa。以下所述哪几项是正确的？（　　）

A. 该楼各区最低层卫生器具配水点静水压力符合分区要求

B. 该楼各区最低层卫生器具配水点静水压力不符合分区要求

C. 分区后能满足各层卫生器具配水点最佳使用压力要求

D. 分区后能满足各层卫生器具配水点最佳使用压力要求

10. 某住宅居住人数 300 人，每户设有大便器、洗脸盆、洗衣机、淋浴用电热水器。则下列哪几项的 q 值在该住宅最高日生活用水量的合理取值范围内？（　　）

A. q=300 人×100L/(人·d)=30m³/d　　B. q=300 人×130L/(人·d)=39m³/d

C. q=300 人×330L/(人·d)=99m³/d　　D. q=300 人×200L/(人·d)=60m³/d

11. 以下建筑给水和排水设计秒流量计算式 q 给水$=\sum q_1 n_1 b_1$ 和 q 排水$=\sum q_2 n_2 b_2$ 参数的说明中，哪几项是错误的？（　　）

A. 相同卫生器具 b_1 和 b_2 的取值均相同

B. 相同卫生器具 b_1 和 b_2 的取值不完全相同

C. 相同卫生器具 q_1 和 q_2 的取值均相同

D. 相同卫生器具 q_1 和 q_2 的取值不完全相同

12. 建筑内给水管道设计秒流量的确定方法有三种，有（　　）。

A. 概率法　　B. 平方根法　　C. 当量法　　D. 经验法

13. 建筑内给水系统所需的水压包括（　　）。

A. 水流通过水表时的水头损失　　B. 引入管至最不利配水点计算管路的水头损失

C. 最不利配水点所需最低工作压力　　D. 引入管至最不利配水点所需静水压力

14. 旋翼式水表计算的水头损失大于以下哪些值，应放大水表口径。（　　）

A. 正常用水＜24.5kPa　　B. 正常用水＜12.8kPa

C. 消防时＜49.0kPa　　D. 消防时＜29.4kPa

15. 用水时数按 12h 使用的建筑有（　　）。

A. 公共浴室　　B. 商场　　C. 普通住宅　　D. 教学、实验楼

16. 某高层住宅高区生活给水系统拟采用如下供水方式：

方案一：地下贮水池→恒压变频供水设备→高区用水点

方案二：地下贮水池→水泵→高位水箱→高区用水点

下列关于上述供水设计方案必选的叙述中，哪几项是正确的？（　　）

A. 方案一加压供水设备总功率大于方案二

B. 方案一加压供水设备总功率小于方案二

C. 方案一加压供水设备设计流量大于方案二

D. 方案一加压供水设备设计流量小于方案二

17. 下列哪些给水附件、配件具有节水效果？（　　）

A. 感应式水嘴　　B. 延时自闭式冲洗阀

C. 肘式开关　　D. 自闭式水嘴

18. 建筑物的卫生器具给水当量最大用水时的平均出流概率参考值为 1.5～2.5 的建筑是（　　）。

A. 普通住宅Ⅰ型　　B. 普通住宅Ⅱ型

C. 普通住宅 Ⅲ 型　　D. 别墅

19. 根据建筑物用途确定的系数 α 值 2.0 的是（　　）建筑。

A. 宾馆　　B. 休养院　　C. 医院　　D. 养老院

20. 下述高层建筑生活给水系统水压的要求中，哪几项符合规定？（　　）

A. 系统各分区最低卫生器具配水点处静水压力不宜大于 0.45MPa

B. 静水压力大于 0.35MPa 的入户管应设减压措施

C. 卫生器具给水配件承受的最大工作压力不得大于 0.6MPa

D. 竖向分区的最大水压应是卫生器具正常使用的最佳水压

2.4　问答题

1. 简述卫生器具当量含义。

2. 简述用水定额含义。

3. 简述何谓最大时用水量。

4. 影响生活给水标准的因素有哪些？

5. 什么是生活饮用水管的虹吸倒流？

6. 简述导致建筑给水系统水质污染的常见原因有哪些？

7. 简述材料选择不当对建筑给水系统水质污染的影响。

8. 简述为什么要求当生活饮用水水池（箱）内的贮水在 48 小时内不能得到更新时，应设置水消毒处理装置？

9. 简述设计缺陷对建筑给水系统水质污染的影响。

10. 高层建筑给水系统竖向分区的基本形式有几种？

2.5　计算题

1. 某工程市政供水压力是 0.25MPa，初步估算由市政供水压力可直接供应的楼层？

2. 已知 5 层办公楼，每层设有卫生间，其卫生间内设有蹲式大便器 4 套、洗脸盆 2 个、小便器 3 个、污水池 2 个。试计算该办公楼给水引入管的设计流量。（已知：$N_{大便器}=0.5$，$N_{洗脸盆}=1.0$，$N_{小便器}=0.5$，$N_{污水池}=1.0$，$a=2.5$）

3. 有一综合楼，共有 18 层。1～4 层为商场，总当量数为 280；5～8 层为办公，总当量数为 160；9～18 层为宾馆，总当量数为 380。在计算该生活给水设计秒流量时，其公式中 $q_g=0.2a\sqrt{N_g}$ 中的 a 值应取何值？

4. 某住宅楼二次加压水泵与能提供 H_1 压力的室外管网直接连接，引入管至配水最不利点所需静水压力为 H_2，管路系统总水头损失为 H_3，水表水头损失 H_4，配水最不利点所需的最低工作压力 H_5，试计算水泵所需的扬程 H？（$H_1 \sim H_5$ 单位均为 kPa）

5. 某高校实验室设置单联化验水龙头 15 个，额定流量 0.2L/s，同时给水百分数为 30%；双联化验水龙头 15 个，额定流量 0.07L/s；同时给水百分数为 20%。试计算管段设计秒流量？

2.6　参考答案

2.1　填空题

1. 不均匀　水量大而集中
2. 生活　生产　消防
3. 建筑标准　住宅类别　卫生器具完善程度　区域
4. 100　120　40
5. 上行下给　下行上给　中分式
6. 分开
7. 48　水消毒处理
8. 严禁　直接
9. 1 昼夜　1h　最大瞬时
10. 经验法　平方根法　概率法

2.2　单项选择题

1. B　2. C　3. D　4. C　5. D　6. B　7. D　8. C　9. A　10. A
11. A　12. B　13. D　14. A　15. A　16. B　17. C　18. C　19. D　20. D
21. B　22. C　23. D　24. C　25. B　26. B　27. C

2.3　多项选择题

1. CD　2. AB　3. AC　4. ABCD　5. ABD　6. BD　7. ACD
8. BD　9. AD　10. BD　11. AC　12. ABD　13. ABCD　14. AC
15. AB　16. AC　17. ABD　18. CD　19. BC　20. AC

2.4　问答题

1. 答：卫生器具当量是以某一卫生器具的流量为基数，其他卫生器具的流量与该流量的比值，是为方便管道水力计算而引进的概念。

2. 答：用水定额是针对不同的用水对象，在一定时期内制定的相对合理的单位用水量数值。

3. 略

4. 答：影响生活给水标准的因素有当地气候条件、人们的生活习惯、卫生设备的完善程度、当地的供水情况、水价及水费收取办法等。

5. 答：生活饮用水管的虹吸倒流是指已经从配水口流出的水，因生活饮用水水管产生负压而被吸回生活饮用水水管，使生活饮用水水质受到严重污染。

6. 答：材料方面、施工方面、系统布置方面、设计方面、管理方面。

7. 答：镀锌钢管在使用过程中易产生铁锈，出现“赤水”：UPVC管道在生产过程中加入的重金属添加剂，以及PVC本身残存的单体氯乙烯和小分子，在使用的时候会转移到水中；塑料管如果采用溶剂连接，所用的胶黏剂很难保证无毒；混凝土贮水池或水箱墙体中石灰类物质渗出，导致水中的pH值、Ca、碱度增加；混凝土中可能析出钡、铬、镍、镉等金属污染物；金属贮水设备防锈脱落等都属于材料选择不当引起的水质污染。

8. 答：水池（箱）内的水停留时间超过48h，水中的余氯已挥发完了，故应进行再消毒，防止细菌滋生，引起水质二次污染。

9. 答：贮水池或水箱的进出水管位置不合适，在水池、水箱内形成死水区；贮水池、水箱内形成死水区；贮水池、水箱总容积过大，水流停留时间过长且无二次消毒设备；直接向锅炉、热水机组、水加热器、气压水罐等有压容器或密闭容器注水，而注水管上没有采用能可靠防止倒流污染的措施等缺陷也会造成水质污染。

10. 答：有串联式、减压式、并联式和室外高、低压给水管网直接给水。

2.5 计算题

1. 答：直接供应的层数为 $n=(250-120)\div40+2=5.25$ 层

或 $n=250\div40-2=5.25$ 层，取5层。

2. 答：

$$N_g=(0.5\times4+1.0\times2+0.5\times3+1.0\times2)\times5=37.5$$

$$q_g=0.2\times a+N_g=0.2\times2.5\times\sqrt{37.5}=3.06\text{L/s}$$

3. 答：$a=\dfrac{280\times1.5+160\times1.5+380\times2.5}{280+160+380}=1.96$

4. 答：$H=H_2+H_3+H_4+H_5-H_1$ (kPa)

5. 答：管段设计秒流量：

$$q_g=\sum q_0N_0b=0.2\times15\times30\%+0.07\times15\times20\%=1.11\text{L/s}$$

3 建筑热水供应系统

3.1 填空题

1. 热水供应系统若配水点关闭，系统不与大气相通，该系统为________热水系统。

2. 热水供应系统中按循环动力不同，有________和________两种循环方式。

3. 热水供应系统中，金属管道受热伸长的补偿方法有________和________。

4. 室内热水供应系统的第一循环系统指的是________系统，第二循环系统指的是________系统。

5. 一个完整的热水供应系统中的两大循环系统为：第一循环系统主要由________、________、和________组成；第二循环系统主要由________和________组成。

6. 室内热水供应系统回水横干管的水流方向与坡向________。（相同或相反）

7. 热水供应系统的组成包括________、________、________。

8. 热水供应方式按加热方法分有________法和________法；前者利用________烧制热水，后者利用热媒经________制备热水；按管网布置形式分为________式与________式管网；按有无循环管分，可分为________、________、无循环热水系统。

9. 热水供应系统按范围大小可分为________热水供应系统、________热水供应系统、________热水供应系统。

10. 冷热管道并行应遵循________、________。

11. 热水供应系统的主要附件有________、________、________、________、________、________和________。

12. 建筑热水供应管材常用的有________、________、________、________。其中塑料管的连接方式有________、________、________、________等。

13. 在闭式热水供应系统中，应设置压力式膨胀罐、安全阀，日用热水量小于 $30m^3$ 的热水系统可采用________泄压的措施，日用热水量大于 $30m^3$ 的热水系统应设置________。

14. 为了保证冷、热水供水压力平衡，冷、热水供水系统的分区应________，各区的水加热器、贮水器的进水均应由________的给水系统供给。

15. 集中热水供应系统中常用的水加热器有容积式、快速式、________和________四种。

16. 根据热媒的不同，快速式水加热器有________和________两种类型，前者的热媒是________，后者的热媒是________。

17. 在集中热水供水系统中，上行下给式配水干管的最高点应设________；下行上给式配水系统可利用________。上行下给热水供应系统的最低点应设________，有可能时也可利用________________。

18. 在集中热水供水系统中，当下行上给式热水系统设有循环管道时，其回水立管应在最高配水点以下约____________处与配水立管连接。上行下给式热水系统只需将循环管道与________连接。

19. 热水管道应设固定支架，一般设于伸缩器或自动补偿管道的两侧，其间距长度应满足管段的热伸长量不大于________________。固定支架之间宜设______________。

20. 室外热水管道一般为______敷设，当不可能时，也可________敷设，其保温材料为______，外做________，并做________处理。

3.2 单项选择题

1. 热水供应系统若要保证任意点水温，应选择哪一种循环方式？（　　）

A. 机械循环　　B. 干管循环　　C. 全循环　　D. 自然循环

2. 室内局部热水供应系统的特点是（　　）。

A. 供水范围小　　B. 热损失大　　C. 热水管路长　　D. 热水集中制备

3. 集中热水供应系统常用于哪个系统？（　　）

A. 普通住宅　　B. 高级居住建筑、宾馆

C. 居住小区　　D. 布置分散的车间

4. 室内冷热水管上下平行敷设时，冷水管应在热水管______，垂直平行敷设时，冷水管应在热水管______。（　　）

A. 上方　左侧　　B. 下方　左侧　　C. 下方　右侧　　D. 上方　右侧

5. 局部热水供应系统适用于下列哪种场所？（　　）

A. 适应于热水用水量小，用水点分散且在用水场所采用小型热水器就地制热水供应一个或几个配水点的建筑，如理发店、小型餐饮店、医疗门诊所等

B. 用于用水点集中的建筑，如洗衣房、公共浴室

C. 用于热水用水量小，要求制备热水成本低，使用要求高的建筑

D. 用于配水点分散，但要求供热水舒适方便的高级住宅

6. 集中生活热水供应系统，不适宜于下列哪项的叙述？（　　）

A. 住宅

B. 热水用水量大、用水集中、能够均衡总热负荷，提高加热设备使用率的建筑，如公共浴室，洗衣房、大型餐饮业和招待所等建筑

C. 用水量大、用水集中的大型体育场（馆）、游泳池（馆）等建筑

D. 用水量小、用水较分散、使用要求不高的普通办公楼

7. 生活用热水供应系统如果原水水质需水处理但未进行水质处理，水加热器的出口最高水温为____，配水点的最低水温为____。（　　）

A. 60℃　50℃　　B. 75℃　50℃　　C. 70℃　40℃　　D. 65℃　55℃

8. 水加热设备的上部，热媒进出口管上，贮热水罐和冷热水混合器上应安装（　　）。

A. 温度计、普通阀　　B. 温度计、压力表

C. 温度计、温度调节阀　　D. 压力表、普通阀

9. 配水点最低温度为50℃时，水加热器出口水温应为（　　）。

A. 55～66℃　　B. 60～65℃　　C. 70～75℃　　D. 75～80℃

10. 上行下给式系统配水干管最高点应设____。下行上给配水系统可利用最高配水点放气；系统最低点应设____。(　　)

A. 检查装置　泄水装置　　B. 排气装置　检查装置

C. 排气装置　泄水装置　　D. 调节装置　检查装置

11. 为保证热水系统的使用效果，集中热水供应系统均应采用____布置方式，热水循环方式应为____。(　　)

A. 同程式　机械循环　　B. 环状管网　机械循环

C. 枝状管网　自然循环　　D. 顺流式　自然循环

12. 下列关于机械循环热水供应系统与自然循环热水供应系统的叙述中，错误的是：(　　)。

A. 两者的循环动力不同

B. 自然循环热水供应系统利用热动力差进行循环

C. 机械循环热水供应系统利用配水管网的给水泵的动力进行循环

D. 自然循环热水供应系统中不设循环水泵

13. 膨胀水箱的配管中(　　)应安装阀门。

A. 溢水管　　B. 排水管　　C. 循环管　　D. 膨胀管

14. 定时热水供应系统的热水循环流量可按循环管网中的水每小时循环(　　)计算。

A. 4～6 次　　B. 3～5 次　　C. 1～2 次　　D. 2～4 次

15. 全日制热水供应系统的循环水泵由(　　)控制开停。

A. 泵前回水温度　　B. 水加热器出水温度

C. 配水点水温　　D. 卫生器具的使用温度

16. 热水系统的膨胀管上(　　)装设阀门。

A. 可　　B. 不宜　　C. 应　　D. 严禁

17. 某管道直线长度为 80m，两端是弯头，管道的线伸缩系数为 0.02mm/(m·℃)，若温度差为 50℃，弯头可补偿的管段直线长度为 10m，每个伸缩节可补偿的管段直线长度不大于 30m，则在充分利用弯头自然补偿的情况下，该管段至少应设(　　)个伸缩节。

A. 4　　B. 3　　C. 2　　D. 1

18. 下列集中热水系统中应设置压力膨胀罐的是日用热水量为(　　)。

A. 10m^3 的开式系统　　B. 10m^3 的闭式系统

C. 30m^3 的开式系统　　D. 30m^3 的闭式系统

19. 当采用蒸汽直接通入水中的加热方式时，下列叙述中不符合《建筑给水排水设计规范》(GB 50015—2003)(2009 年版)的是(　　)。

A. 宜采用开式热水供应系统

B. 应采取防止热水倒流入蒸汽管道的措施

C. 即使其卫生指标符合《生活饮用水卫生标准》，也不可作为生活用热水

D. 采取汽-水混合设备的加热方式时，应采用消声混合器

20.《建筑给水排水设计规范》(GB 50015—2003)(2009 年版)规定"当卫生设备设有冷热水混合器或混合龙头时，冷、热水供应系统在配水点处应有相近的水压"，此处相近的含义是指冷热水供水水压差(　　)。

A. 0　　B. 不大于 0.01MPa

C. 不大于 0.02MPa　　D. 不大于 0.03MPa

21. 某建筑水加热器底部至生活饮用水高位水箱水面的高度为 17.60m，冷水的密度为 0.9997kg/L，热水的密度为 0.9832kg/L。则膨胀管高出生活饮用水高位水箱水面的高度为（　　）。

A. 0.10m　　B. 0.20m　　C. 0.25m　　D. 0.30m

22. 某工程采用半容积式水加热器，热媒为热水，供、回水温度分别为 95℃、70℃，冷水的计算温度为 10℃，水加热器出口温度为 60℃。则热媒与被加热水的计算温差应为（　　）。

A. 47.5℃　　B. 35.0℃　　C. 40.5℃　　D. 46.4℃

23. 某建筑设机械循环集中热水供应系统，循环水泵的扬程 0.16MPa，循环水泵处的静水压力为 0.54MPa，则循环水泵壳体承受的工作压力不得小于（　　）。

A. 0.16MPa　　B. 0.54MPa　　C. 0.70MPa　　D. 1.00MPa

24. 热水供应系统中，加热器出水温度与配水点最低水温的温度差不得大于（　　）。

A. 5℃　　B. 10℃　　C. 15℃　　D. 20℃

25. 下列叙述中，不符合《建筑给水排水设计规范》（GB 50015—2003）（2009 年版）的是（　　）。

A. 集中热水供应系统应保证干管和立管中的热水循环

B. 设有集中热水供应系统的建筑物中，浴室用水宜与其他用水共用热水管网

C. 热水循环管道应采用同程式的布置方式

D. 高层建筑热水系统的分区，应与冷水系统的分区一致

26. 原水水质需软化处理但未处理时，水加热器出口的最高水温度应控制在（　　）。

A. 40℃　　B. 50℃　　C. 60℃　　D. 75℃

27. 局部热水供应系统有很多优点，但不包括（　　）。

A. 热损失小　　B. 设备、系统简单，造价低

C. 管理方便，改建容易　　D. 热效率高，制水成本较低

28. 某宾馆设有集中热水系统，系统内的水容积为 2000L，热水供水温度为 70℃（密度 0.9832kg/L），回水温度 50℃（密度 0.9881kg/L），冷水温度 10℃（密度 0.9997kg/L），水加热器底部到屋顶冷水箱水面的高度为 66m。则膨胀水箱的有效容积为（　　）。

A. 50L　　B. 88L　　C. 72L　　D. 105L

29. 某开式热水供应系统中，加热器的传热面积为 $18m^2$，则膨胀管的最小管径为（　　）。

A. 25mm　　B. 32mm　　C. 40mm　　D. 50mm

30. 下列管材中，不宜在定时供应热水系统中使用的是（　　）。

A. 薄壁铜管　　B. PP-R 管

C. 镀锌钢管内衬不锈钢管　　D. 薄壁不锈钢管

31. 要求随时取得规定温度以上热水的建筑，对循环系统的设置要求是（　　）。

A. 无需设置回水管道　　B. 保证支管中的热水循环

C. 保证干管和立管的热水循环　　D. 以上说法均不正确

32. 管道直线长度 100m，管道的线伸缩系数 0.02mm/(m·℃)，温度差为 45℃，若每个伸缩器的伸缩量为 25mm，该管段应设（　　）个伸缩器。

A. 4　　B. 3　　C. 2　　D. 1

33. 某体育馆设定热水供应系统，系统循环管网总容积 $2.0m^3$，则其循环水泵的最小流量为（　　）。

A. $4.0m^3/h$　　B. $5.0m^3/h$　　C. $6.0m^3/h$　　D. $8.0m^3/h$

34. 某高级宾馆要求集中热水供应系统各配水点随时取得不低于规定温度的热水，如图3-1所示为热水供水及循环管路布置图，哪一种是正确合理的方案？（　　）

A. 图(a)　　B. 图(b)　　C. 图(c)　　D. 图(d)

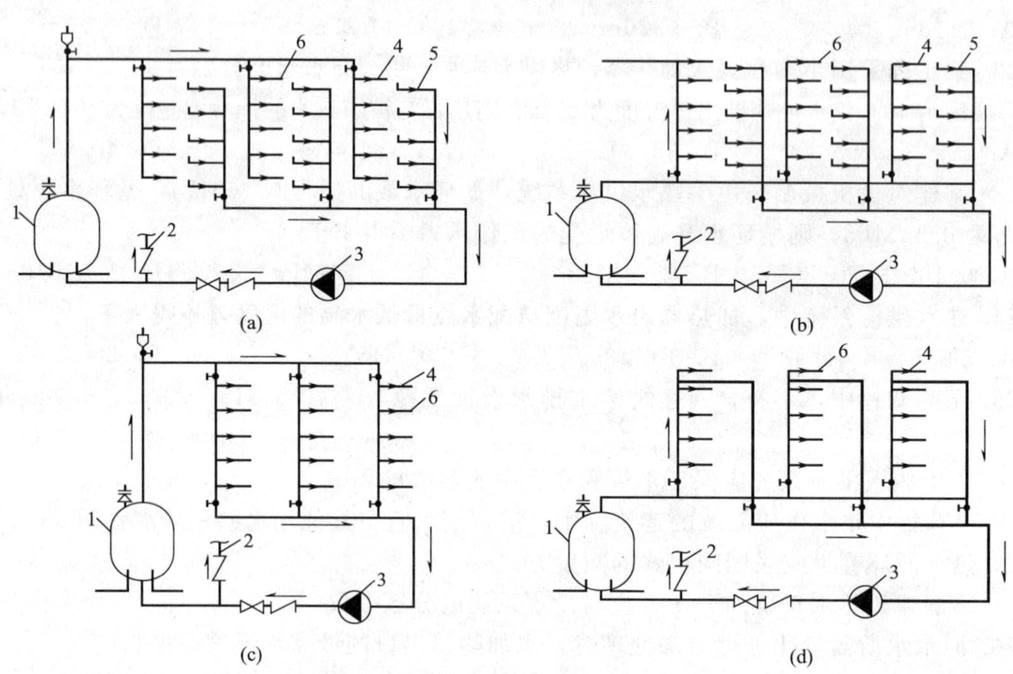

图 3-1　题 34 图

1—水加热器；2—冷水管；3—循环泵；4—进水水表；5—回水水表；6—给水支管

35. 从图3-2集中热水供应系统图示中，确定哪一项对开、闭式系统的判断是正确的？（　　）

A. 开式：图（a）、（b）；闭式：图（c）、（d）

B. 开式：图（a）、（c）；闭式：图（b）、（d）

C. 开式：图（a）、（d）；闭式：图（b）、（c）

D. 开式：图（c）、（d）；闭式：图（a）、（b）

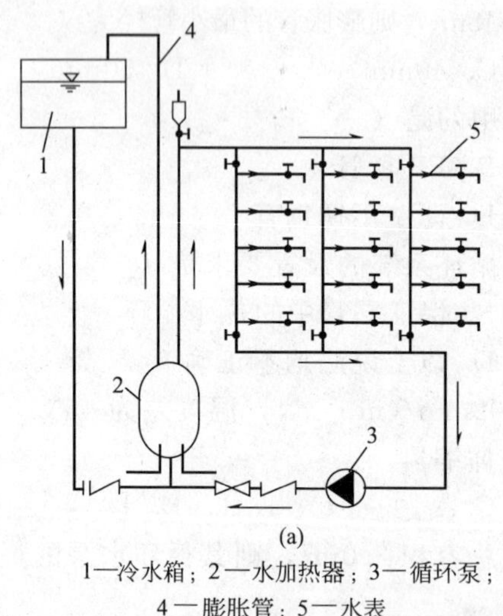

(a)

1—冷水箱；2—水加热器；3—循环泵；
4—膨胀管；5—水表

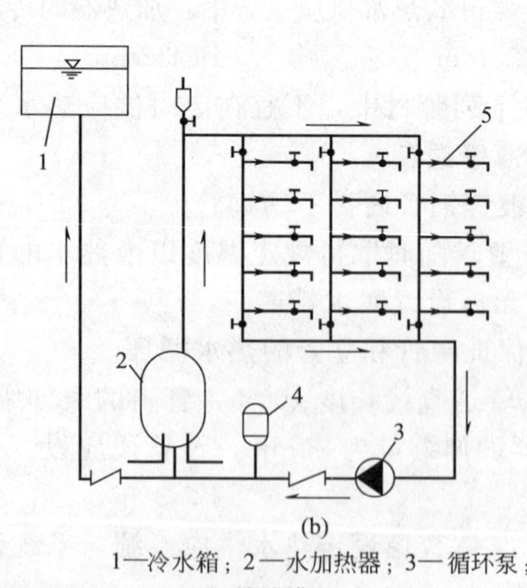

(b)

1—冷水箱；2—水加热器；3—循环泵；
4—膨胀罐；5—水表

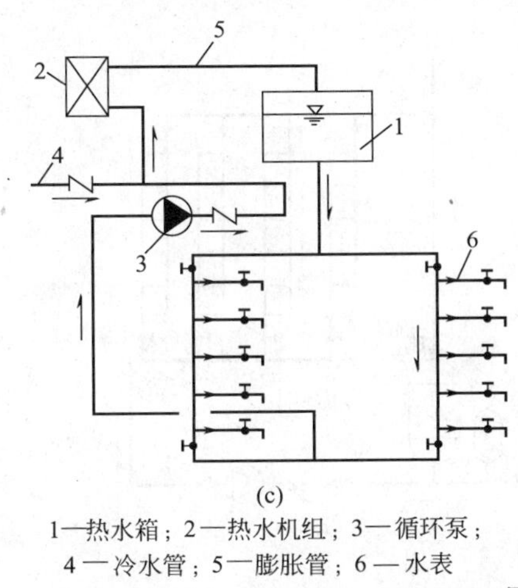

(c)
1—热水箱；2—热水机组；3—循环泵；
4—冷水管；5—膨胀管；6—水表

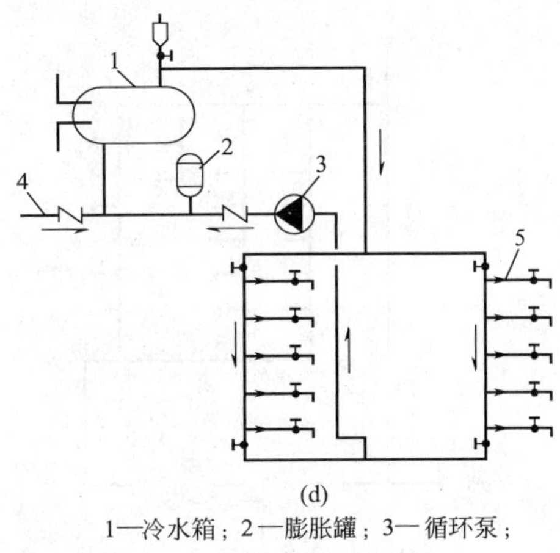

(d)
1—冷水箱；2—膨胀罐；3—循环泵；
4—冷水管；5—水表

图 3-2 题 35 图

36. 下列哪种集中热水供应系统是按管网循环方式分类的？（　　）

A. 全日循环热水供应系统；定时循环热水供应系统

B. 自然循环热水供应系统；强制循环热水供应系统

C. 非循环热水供应系统；半循环热水供应系统；全循环热水供应系统

D. 开式热水供应系统；闭式热水供应系统

37. 某金属热水管段如图 3-3 所示。已知：管道线膨胀系数 $\alpha=0.02$mm/(m·℃)，计算温度为（管道内热水最高温度 t_2 与安装管道时周围的空气温度 t_1 的差）50℃，伸缩节的轴向伸长量≤30mm，管道弯头的两端自然补偿长度≤10mm，若考虑充分利用弯头的自然补偿量，该管段应设置的伸缩节数量 n 至少应为（　　）。

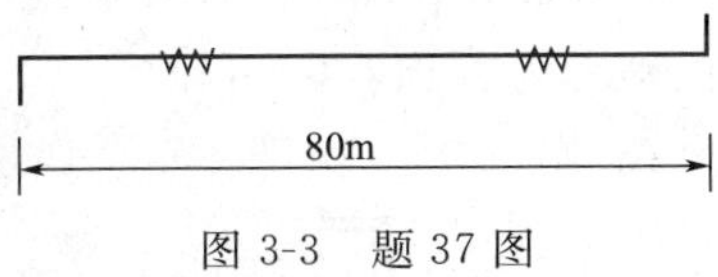

图 3-3 题 37 图

A. 3　　B. 2　　C. 4　　D. 1

38. 下面对热水供应系统的设置的叙述哪一项是正确的？（　　）

A. 供水加热器的给水立管应兼作其他用水点的供水立管以节约管材

B. 高层高级酒店顶部的高标准套间及总统套房宜设置单独的热水供水立管

C. 给水管道水压变化较大且用水点要求水压稳定时，应采用闭式热水供应系统

D. 采用减压阀分区时，减压阀应设在高、低区共用的热水供水干管上

39. 如图 3-4 所示为热水供应系统图，循环管道的布置哪一项是不正确的？（　　）

A. 图(a)　　B. 图(b)　　C. 图(c)　　D. 图(d)

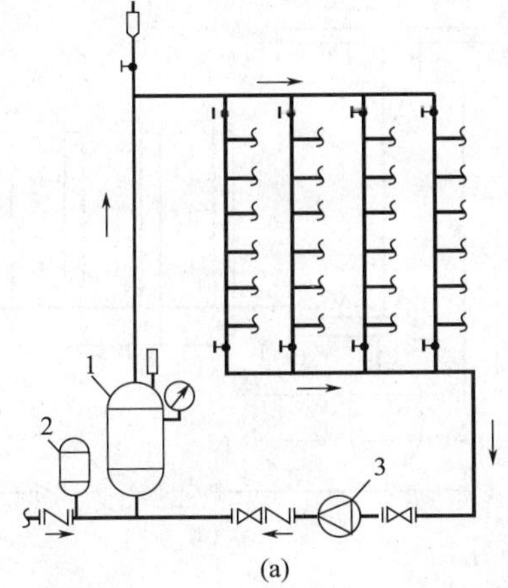

(a)

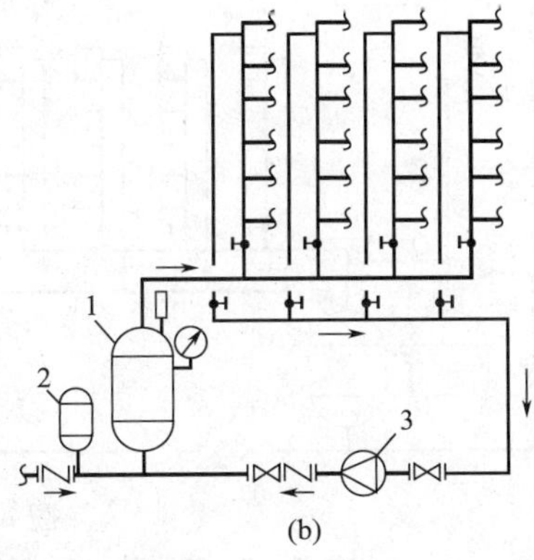

(b)

图 3-4

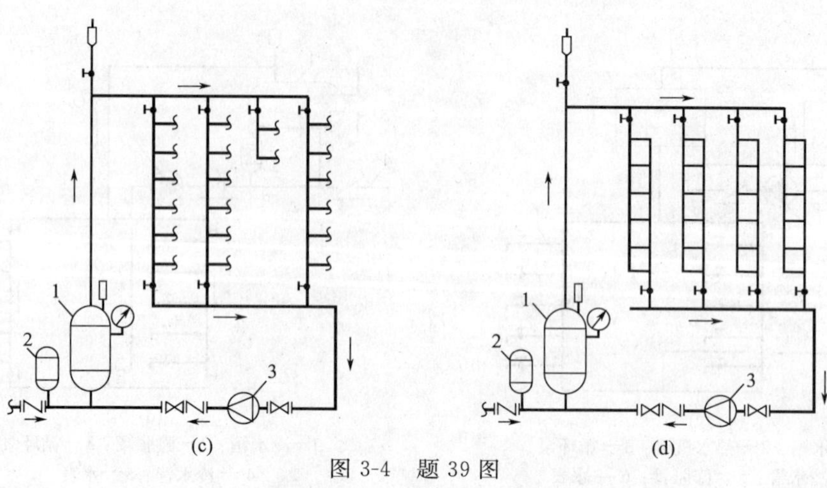

图 3-4　题 39 图

1—水加热器；2—膨胀罐；3—循环泵

40. 以下列出了五项加热器的选用条件，符合半即热式水加热器的选用条件的是（　）。

(a) 热源供应能满足设计秒流量所需耗热量　(b) 热源供应能满足设计小时耗热量

(c) 用水量变化大，供水可靠性要求高　(d) 用水较均匀的供水系统　(e) 设备机房较小

A. (a) (c) (e)　　B. (b) (d) (e)　　C. (a) (d) (e)　　D. (b) (c)

41. 如图 3-5 所示为集中热水供应系统，单台水加热器传热面积均为 $10m^2$，膨胀管的设置正确者为哪项？（　）

A. 图(a)　　B. 图(b)　　C. 图(c)　　D. 图(d)

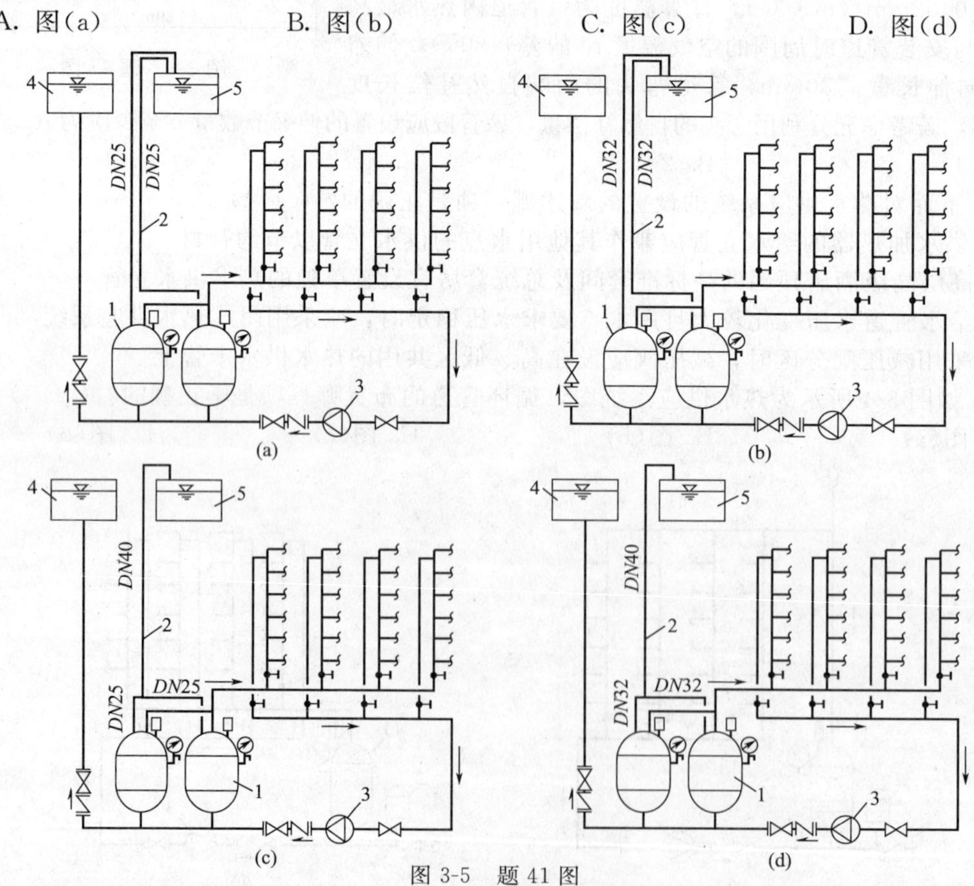

图 3-5　题 41 图

1—水加热器；2—膨胀管；3—循环泵；4—生活高位水箱；5—消防高位水箱

42. 下面有关热水供应系统供水方式的叙述哪一项是错误的？（　　）

A. 全天循环方式是指热水管网系统保持热水循环，打开各配水龙头随时都能提供符合设计水温要求的热水

B. 开式热水供应方式一般在管网顶部设有高位冷水箱和膨胀管或高位开式加热水箱

C. 闭式热水供应方式的水质不易受到外界污染，但供水水压稳定性和安全可靠性较差

D. 无循环供水方式可用于系统较小、使用要求不高的定时热水供应系统

43. 下列对水加热设备选择的叙述哪项是错误的？（　　）

A. 用水较均匀、热媒供应充足时，一般可选用贮热容积大的导流型容积式水加热器

B. 医院建筑不得采用有滞水区的容积式水加热器

C. 需同时供给多个卫生器具热水时，宜选用带贮热容积的水加热设备

D. 采用容积式或半容积式水加热器的热水机组，当设置在建筑物的地下室时，可利用冷水系统压力，无须另设热水加压系统

44. 某城市繁华地段建设星级宾馆，业主要求该宾馆热水供应系统采用供水温度稳定、换热速度快、效率高、体积小、不另设贮水箱、具有预测温度控制装置的间接加热装置。以下列出的四组装置哪组适用？（　　）

A. 热媒负荷满足设计秒流量供热要求的燃油（燃气）锅炉和半容积式水加热器

B. 燃煤锅炉和容积式水加热器

C. 热媒负荷满足设计秒流量供热要求的燃油（燃气）锅炉和半即热式水加热器

D. 燃油（燃气）热水机组和快速式水加热器

45. 下列关于开水和热水管材的选用要求中，哪项是不正确的？（　　）

A. 开水管道应选择许用工作温度大于100℃的塑料管材

B. 定时供应热水系统不宜选用塑料热水管

C. 热水供应系统中设备机房内的管道不应采用塑料热水管

D. 热水管道可采用薄壁钢管、薄壁不锈钢管、塑料与金属的复合热水管

46. 某热水系统图3-6所示，加热器热媒蒸汽入口压力为0.2MPa，蒸汽入口至疏水器进口管段的压力损失 $\Delta h_1=0.05$MPa，疏水器出口的管段压力损失 $\Delta h_2=0.07$MPa，闭式凝结水箱内压力为0.02MPa，则疏水器的进出口压差值为（　　）。

A. 0.02MPa　　B. 0.03MPa　　C. 0.05MPa　　D. 0.15Mpa

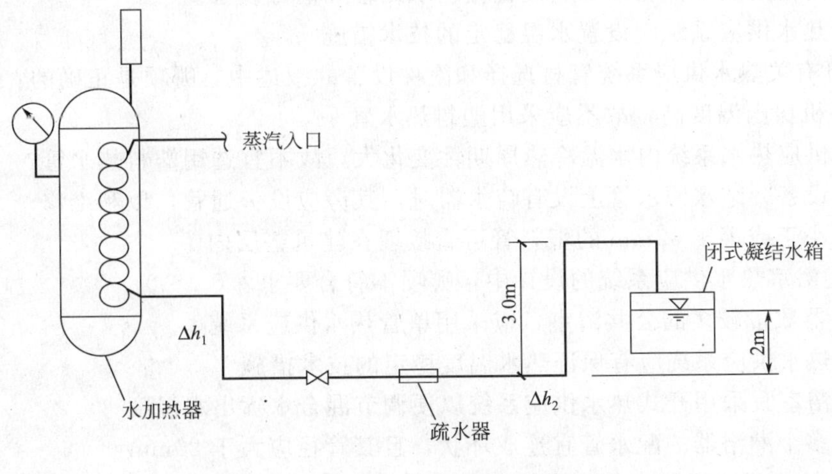

图3-6　题46图

47. 以下有关集中热水供应系统热源选择的叙述中哪一项是错误的？（　　）

A. 采用气锤用气设备排出废气作为热媒加热时，应设除油器除去废气中的废油

B. 在太阳能资源较丰富的地区，利用太阳能为热源时，不需设辅助加热装置

C. 经技术经济比较，可选择电蓄热设备为集中热水供应系统的热源

D. 采用蒸汽直接通入水箱加热时，应采取防止热水倒流至蒸汽管道的措施

48. 下列有关热水供应方式的叙述中哪项是错误的？（　　）

A. 干管循环方式是指仅热水干管设置循环管道，保持热水循环

B. 开式热水供应方式是在所有配水点关闭后，系统内的水仍与大气相通

C. 机械循环方式是通过循环水泵的工作在热水管网内补充一定的循环流量以保证系统热水供应

D. 闭式热水供应系统，其供水的水压稳定性和安全可靠性较差

49. 如图 3-7 所示开式热水供应系统中，水加热器甲的传热面积为 $10m^2$，乙的传热面积为 $20m^2$，则甲、乙水加热器膨胀管的最小直径应为何项？（　　）

A. 甲 50mm　乙 50mm

B. 甲 25mm　乙 40mm

C. 甲 32mm　乙 32mm

D. 甲 32mm　乙 50mm

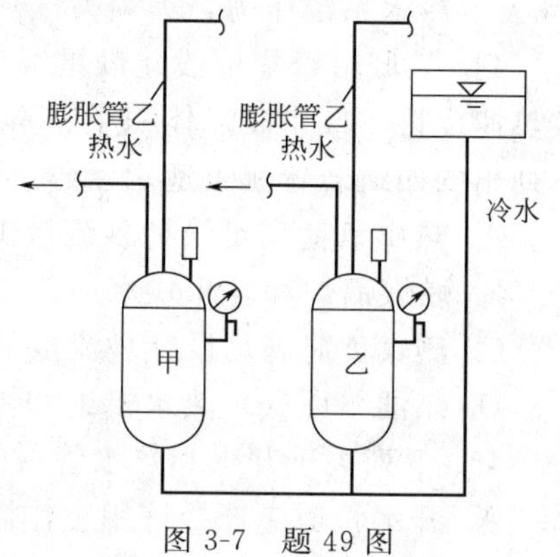

图 3-7　题 49 图

50. 以下热水及直饮水供应系统管材选用的叙述中，哪一项是错误的？（　　）

A. 开水管道应选择许用工作温度大于 100℃的金属管材

B. 热水供应设备机房内的管道不应采用塑料热水管

C. 管道直饮水系统当选用铜管时，应限制管内流速在允许范围内

D. 管道直饮水系统应优先选用优质给水塑料管

51. 下述有关热水供应系统的选择及设置要求中，哪项是不正确的？（　　）

A. 汽-水混合加热设备宜用于闭式热水供应系统

B. 设置淋浴器的公共浴室宜采用开式热水供应系统

C. 公共浴池的热水供应系统应设置循环水处理和消毒设备

D. 单管热水供应系统应设置水温稳定的技术措施

52. 以下有关热水供应系统管材选择和附件设置的叙述中，哪项是正确的？（　　）

A. 设备机房内温度高，故不应采用塑料热水管

B. 定时供应热水系统内水温冷热周期性变化大，故不宜选用塑料热水管

C. 加热设备凝结水回水管上设有疏水器时，其旁应设旁通管，以利维修

D. 外径小于或等于 32mm 的塑料管可直接埋在建筑垫层内

53. 下述浴室热水供应系统的设计中，哪项不符合要求？（　　）

A. 淋浴器数量较多的公共浴室，应采用单管热水供应系统

B. 单管热水供应系统应有保证热水温度稳定的技术措施

C. 公共浴室宜采用开式热水供应系统以便调节混合水嘴出水温度

D. 连接多个淋浴器的配水管宜连成环状，且其管径应大于 20mm

54. 下述热水供应系统和管道直饮水系统管材的选择中，哪项不符合要求？（　　）

A. 管道直饮水系统应优选薄壁不锈钢管

B. 热水供应系统优选薄壁不锈钢管

C. 定时供应热水系统应优选塑料热水管

D. 开水管道应选用许可工作温度大于100℃的金属管

55. 下列有关集中热水供应系统加热设备的叙述中，哪项不正确？（　　）

A. 导流型容积式水加热器罐体容积的利用率高于容积式水加热器

B. 医院集中热水供应系统宜采用供水可靠性较高的导流型容积式水加热器

C. 半容积式水加热器有灵敏、可靠的温控装置时，可不考虑贮热容积

D. 快速式水加热器在被加热水压力不稳定时，出水温度波动大

56. 下述高层建筑热水供应系统采用减压阀分区供水时，减压阀的管径及设置要求中，哪项不正确？（　　）

A. 高、低两区各有独立的加热设备及循环泵时，减压阀可设在高、低区的热水供水立管或配水支管上

B. 高、低两区使用同一热水加热设备及循环泵时，减压阀可设在低区的热水供水立管上

C. 高、低两区使用同一热水加热设备及循环泵时，当只考虑热水干管和热水立管循环时，减压阀应设在各区的配水支管上

D. 减压阀的公称直径宜与管道管径相同

3.3　多项选择题

1. 下列关于热水系统的做法中，不符合《建筑给水排水设计规范》（GB 50015—2003）（2009年版）的是（　　）。

A. 设备机房中的热水管材使用薄壁铜管

B. 医院采用有滞水区的容积式水加热器

C. 定时热水供应系统采用PP-R管

D. 50床以下的小型医院，每台水加热器的供热能力均按100%的设计小时耗热量计算

2. 下列关于减压阀的叙述中，正确的是（　　）。

A. 减压阀前应设置过滤器　　B. 减压阀的公称直径应小于管道管径

C. 比例式减压阀应垂直安装　　D. 阀后压力要求稳定时，宜采用可调式减压阀

3. 下列热水管段中，应装设阀门的是（　　）。

A. 从立管接出的支管上　　B. 具有2个配水点的配水支管上

C. 与配水、回水干管连接的分干管上　　D. 配水立管和回水立管上

4. 在设有膨胀管道开式热水系统中，下述说法中错误的是（　　）。

A. 在我国南方地区，如膨胀管没有冻结可能时，可不采取保温措施

B. 膨胀管上必须装设阀门

C. 膨胀管的出口离接入水箱水面的高度不小于50mm

D. 两台水加热器可合用一根膨胀管引至屋顶的消防高位水箱

5. 下列关于热水系统的叙述中，错误的是（　　）。

A. 热水系统管道内积气，会阻碍管内热水的流动

B. 热水系统管道内积气，与管道内壁的腐蚀无关

C. 下行上给管道系统的腐蚀比上行下给系统严重

D. 在热水系统最低点应设置泄水装置

6. 下列不同部位安装的卫生器具，（　）中的使用温度均不高于 37℃。

A. 住宅洗脸盆、集体宿舍盥洗槽、幼儿园洗涤盆

B. 幼儿园浴盆、医院洗手盆、宾馆洗脸盆

C. 公共浴室洗脸盆、办公室洗手盆、幼儿园淋浴器

D. 净身器、体育场馆淋浴器、剧场淋浴器

7. 下列关于集中热水系统水加热设备设计小时供热量计算的说法中，正确的是（　）。

A. 容积式水加热器应按设计小时耗热量计算

B. 半容积式水加热器应按设计小时耗热量计算

C. 半即热式水加热器应按设计小时耗热量计算

D. 快速式水加热器应按设计秒流量计算

8. 集中热水系统常采用的加热设备有（　）。

A. 热水锅炉　　B. 燃气热水器　　C. 水加热器　　D. 加热水箱

9. 选用局部热水加热设备时，应符合下列要求（　）。

A. 需同时供给多个卫生器具或设备热水时，宜选用带贮热容积的加热设备

B. 当地太阳能资源充足时，宜选用太阳能热水器或太阳能辅以电加热的热水器

C. 热水器不应安装在易燃物堆放或对燃气管、表或电气设备产生影响及有腐蚀性气体和灰尘多的场所

D. 燃气热水器、电热水器必须带有保证使用安全的装置，严禁在浴室内安装直接排气式燃气热水器等在使用空间内积聚有害气体的加热设备

10. 集中热水系统的加热设备选择，应符合下列要求（　）。

A. 热效率高，换热效果好、节能、节省设备用房

B. 生活热水侧阻力损失小，有利于整个系统冷、热水压力的平衡

C. 安全可靠、构造简单、操作维修方便

D. 优先选用电热水器

11. 常采用的热水管材有（　）。

A. 薄壁铜管　　B. 薄壁不锈钢管　　C. 塑料管　　D. 铝塑复合管

12. 补偿管道热伸长的伸缩器有（　）。

A. L形自然补偿　　B. Z形自然补偿　　C. 波形伸缩器　　D. 套管伸缩器

13. 下列不同部位安装的卫生器具，（　）中使用温度相同。

A. 住宅洗脸盆水嘴　　B. 幼儿园淋浴器

C. 医院洗手盆　　D. 体育场淋浴器

14. 下列关于热水系统的叙述中，正确的是（　）

A. 热水系统内积气，会阻碍管内热水的流动

B. 上行下给系统管道的腐蚀比下行上给的严重

C. 热水系统管道内积气，与管内壁的腐蚀无关

D 在热水系统最低点应设泄水装置

15. 某集中热水供应系统的工作压力 $P_N=1.0$MPa，选用管材方案如下，其中不正确的为（　）。

A. 从设备机房到配水点全部选用 $P_N=1.6$MPa 薄壁铜管

B. 从设备机房到配水点全部选用 $P_N=1.6$MPa 薄壁不锈钢管

C. 从设备机房到配水点全部采用温度为 80 摄氏度时 $P_N=2.0$MPa 的塑料管

D. 设备机房内采用 $P_N=1.6$MPa 钢塑热水管，其他采用温度为 40 摄氏度时 $P_N=1.0$MPa 的塑料管

16. 热水供水管道采用塑料热水管时，下述何项是正确的？（　　）

A. 管道的工作压力应按相应温度下的许用工作压力选择

B. 设备机房内的管道不宜采用塑料热水管

C. 塑料热水管宜暗设

D. 塑料热水管可直接敷设在楼板结构层内

17. 如图 3-8 所示为一局部热水供、回水管道，其阀门设置错误或不合理的有哪几个图？（　　）

A. 图(a)　　　B. 图(b)　　　C. 图(c)　　　D. 图(d)

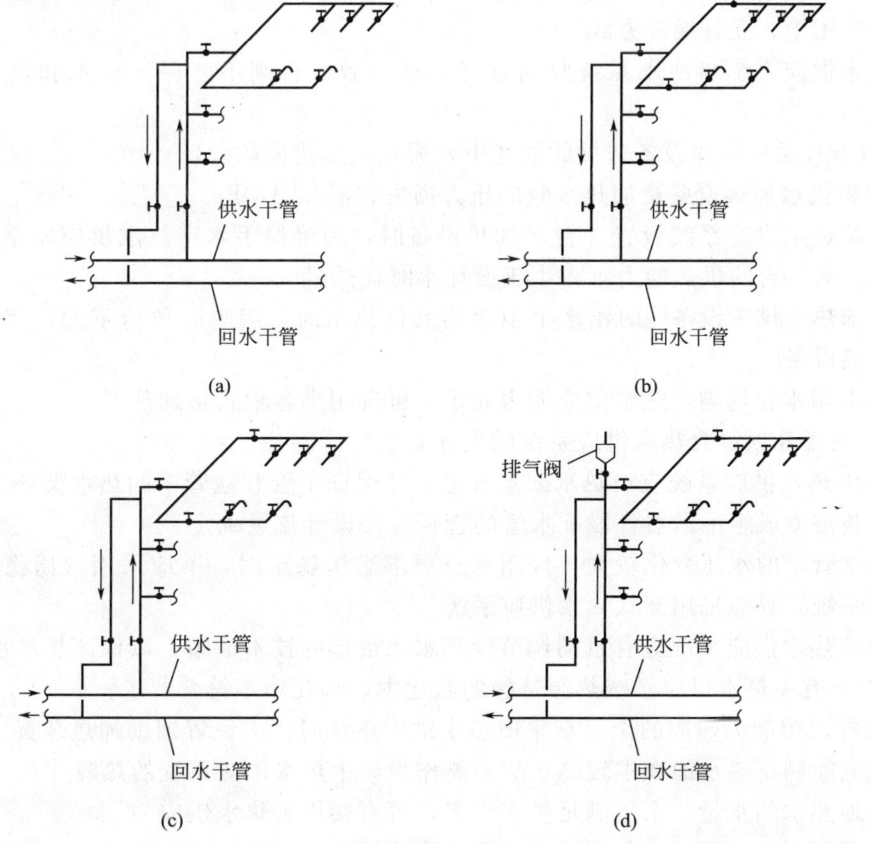

图 3-8　题 17 图

18. 以下有关热水供水系统管网水力计算要求的叙述中，哪几项是不正确的？（　　）

A. 热水循环供应系统的热水水管管径，应按管路剩余回流量经水力计算确定

B. 定时循环热水供应系统在供应热水时，不考虑热水循环

C. 定时循环热水供应系统在供应热水时，应考虑热水循环

D. 居住小区设有集中热水供应系统的建筑，其热水引入管管径按该建筑物相应热水供应系统的总干管设计流量确定

19. 以下高层建筑热水供应系统设计方案说明中，哪几项技术是不合理的？（　）

A. 热水供应系统分区与给水系统分区相一致，为确保出水温度恒定，根据业主要求增设恒温式水龙头

B. 建筑高度 140m，热水供应系统分四个区，各区自成系统，加热设备、循环水泵集中设在地下室，以便于运行中的统一管理

C. 建筑层数 24 层，热水供应系统按层数均分为四个区，每个分区设置 6 根立管组成上行下给式管网，采用干管循环方式

D. 为提高供水安全可靠性，考虑循环管路的双向供水，可放大回水管管径，使其与配水管管径接近

20. 下述哪几项与高层建筑热水供应系统的设计要求不完全符合？（　）

A. 热水供应系统竖向分区供水方式，可解决循环水泵扬程过大的问题

B. 热水供应系统采用减压阀分区时，减压阀的设置位置不应影响各分区系统热水的循环

C. 热水供应系统竖向分区范围超过 5 层时，为使各配水点随时得到设计要求的水温，应采用干、立管循环方式

D. 热水供应系统与冷水系统竖向分区必须一致，否则不能保证冷水和热水回水压力平衡

21. 以下有关水加热设备选择的叙述中，哪几项是错误的？（　）

A. 容积式水加热设备被加热水侧的压力损失宜≤0.01MPa

B. 医院热水供应系统设置 2 台水加热设备时，为确保手术室热水供应安全，一台检修时，另一台的供热能力不得小于设计小时耗热量

C. 局部热水供应设备同时给多个卫生器具供热水时，因瞬时负荷不大，宜采用即热式加热设备

D. 热水用水较均匀，热媒供应能力充足，可选用半容积式水加热器

22. 下列哪几项符合热水供应系统的设计要求？（　）

A. 集中热水供应系统应设热水回水管道，并保证干管和立管中的热水循环

B. 公共浴室成组淋浴器各段配水管的管径应按设计流量确定

C. 给水管道的水压变化较大，且用水点要求水压稳定时，不应采用减压稳压阀热水供应系统，只能采用开式热水供应系统

D. 单管热水供应系统应有自动调节冷热水水量比的技术措施，以保证热水水温的稳定

23. 以下有关热水供应系统热源选择的叙述中，哪几项不符合要求？（　）

A. 选择太阳能为热源的全日制集中热水供应系统时，应设置辅助加热装置

B. 因电能制备热水的成本较高，故不能作为集中热水供应系统的热源

C. 若地热水的水量、水压满足供水要求，可直接用于热水供应

D. 利用烟气为热源时，加热设备应采取防腐措施

24. 利用气锤设备的废气作废热锅炉的热源制备热媒时，哪几项要求是不正确的？（　）

A. 废气温度不宜低于 300℃　　B. 应设除油器以去除废气中的油和水

C. 废气温度不宜高于 400℃　　D. 应设贮气罐以消除废气压力和温度的波动

25. 为使高层建筑集中热水供应系统中生活热水和冷水给水系统的压力相近，可采取以下哪几项措施？（　）

A. 使生活热水和冷水给水系统竖向分区供水的范围一致

B. 热水供水管网采用同程供水方式

C. 热水供水系统选用阻力损失较小的加热设备

D. 系统配水点采用优质的冷、热水混合水嘴

26. 下列有关热泵热水供应系统热源的叙述中，哪几项不符合要求？（　　）

A. 环境低温热能为热泵热水供应系统的热源

B. 最冷月平均气温不低于10℃的地区，宜采用空气作热源

C. 空气源热泵热水供应系统均不需设辅助热源

D. 水温、水质符合要求的地热水，均可直接用作水源热泵的热源

3.4 问答题

1. 容积式水加热器的特点及适用条件是什么？

2. 热水供应系统中除安装与冷水系统相同的附件外，还需加设哪些附件？试述它们的作用和设置要求。

3. 室内热水供应系统为什么要设置循环管路？有哪几种循环方式？分别适用什么情况？

4. 热水系统设置膨胀水箱时，其容积如何确定？

5. 简述生活用热水在何种情况下需进行水质软化处理？

6. 试述全日制机械循环热水供应系统与定时机械循环热水供应系统中，水泵的选择有何区别。

7. 热水加热方法有几种，各自的原理和特点是什么？

8. 简述区域（集中）锅炉房有什么优点？锅炉房所在区域内，常有其他相关的建筑物、料堆等，对它们的布置有什么要求？

9. 试述间接加热方式中全容积式加热器的优缺点。

10. 简述什么是温降值？它的选用与什么因素有关？

11. 室内热水供应系统的加热方式、加热设备的类型有哪些？各适用于什么场所？

12. 热水供应系统的组成是什么？

13. 热水系统上行下给式管网水平干管应有的坡度是多少？坡向又如何？

14. 热水系统设置循环管道时应注意哪些问题？

15. 即热式、容积式水加热器分别适用哪种场合？

16. 热水供应系统中的主要附件有哪些？疏水器的作用是什么？

17. 什么是循环流量？它有什么作用？

18. 热水供应系统按热水供应的范围大小分为哪几种系统？

19. 机械循环管网在计算循环泵扬程时为什么要增加循环附加流量？

20. 集中热水供应系统常用的水加热器有哪些，各有何优缺点？

21. 如图3-9所示建筑物内集中热水供应系统的热水循环管道设计存在哪些问题，如何改进？

22. 直接排气式燃气热水器是否可设置在卫生间、厨房、（含可燃物的）杂物间内，为什么？

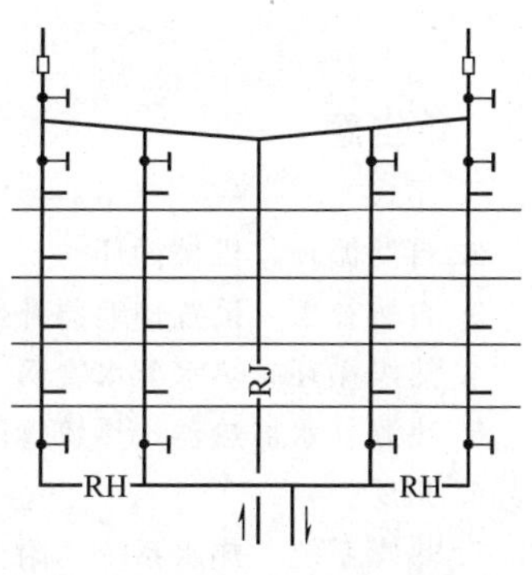

图3-9　题21图

23. 如图 3-10 所示热水系统的水加热器设计中存在哪些问题，如何改进？

24. 如图 3-11 所示闭式热水系统设计中存在哪些问题，如何改进？

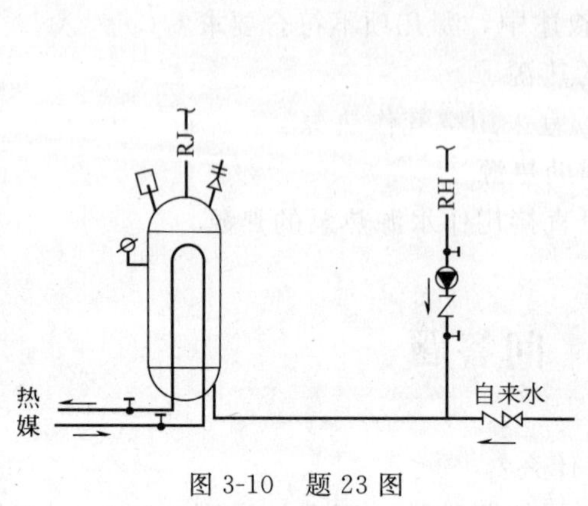

图 3-10　题 23 图

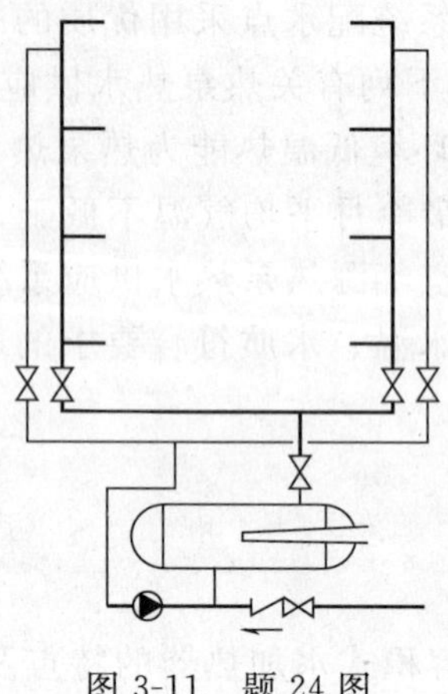

图 3-11　题 24 图

3.5　计算题

1. 已知热水系统，热水 60℃、密度为 0.98kg/L，冷水 5℃、密度为 1kg/L，回水温度 40℃、密度为 0.99kg/L，水加热器底至冷水补给水箱的水面高度为 100m，试求膨胀水箱的有效容积及水面高出冷水水箱的高度？

2. 已知水加热器出口温度为 70℃，冷水入口温度为 4℃，配水点处温度为 45℃，混合水量为 1.42L/s，试求冷、热水量。

3. 某建筑水加热器底部至生活饮用水高位水箱水面的高度为 5.0m，冷水的密度为 0.9997kg/L，热水的密度为 0.9832kg/L，试求膨胀管高出生活饮用水高位水箱水面的距离。

4. 已知某容积式水加热器采用蒸汽作为热媒，蒸汽管网压力（阀前压力）$P_1=0.5$MPa（绝对压力），水加热器要求压力（阀后压力），$P_2=0.3$MPa（绝对压力），蒸汽流量 $G=600$kg/h，求所需减压阀阀孔截面积？

3.6　参考答案

3.1　填空题

1. 闭式
2. 自然循环　机械循环
3. 自然补偿　设置伸缩器补偿
4. 热媒循环　热水配水管网
5. 热源　水加热器　热媒管网　热水配水管网　回水管网
6. 相反
7. 热媒系统　热水系统　附件
8. 直接　间接　锅炉　水加热器　上行下给　下行上给　全循环　半循环

9. 局部　集中　区域

10. 上热下冷　左热右冷

11. 自动温度调节装置　伸缩器　疏水器　减压阀　安全阀　膨胀管　膨胀水箱

12. 塑料管　复合管　薄壁铜管　薄壁不锈钢管　螺纹连接　法兰连接　焊接　粘接

13. 安全阀　压力式膨胀罐

14. 一致　同区

15. 半容积式　半即热式

16. 汽-水　水-水　蒸汽　过热水

17. 排气装置　最高配水点放气　泄水装置　最低配水点泄水

18. 0.5m　各立管

19. 伸缩器所允许的补偿量　导向支架

20. 管沟内　直埋　聚氨酯硬质泡沫塑料　玻璃钢管壳　伸缩补偿

3.2　单项选择题

1. C	2. A	3. B	4. C	5. A	6. D	7. A	8. B	9. B	10. C
11. A	12. C	13. B	14. D	15. A	16. D	17. C	18. D	19. C	20. B
21. D	22. A	23. C	24. B	25. B	26. C	27. D	28. C	29. C	30. B
31. B	32. A	33. A	34. A	35. B	36. C	37. B	38. B	39. C	40. C
41. B	42. A	43. A	44. C	45. A	46. B	47. B	48. C	49. D	50. D
51. A	52. B	53. A	54. C	55. B	56. B				

3.3　多项选择题

1. BC	2. ACD	3. ACD	4. BCD	5. BC	6. ACD	7. BD
8. ACD	9. ABCD	10. ABC	11. ABCD	12. CD	13. ABC	14. ABD
15. CD	16. AC	17. ABD	18. ACD	19. BC	20. ACD	21. BC
22. AD	23. ABC	24. AC	25. ACD	26. CD		

3.4　问答题

1. 答：容积式水加热器的特点：具有较大的贮存和调节能力，被加热水通过时的压力损失较小，用水点处压力变化平稳，出水水温较稳定，对温度自动控制的要求较低，管理比较方便。但该加热器中，被加热水流速缓慢，传热系数小，热交换效率低，且体积庞大占用过多的建筑空间。

适用条件：适用于用热水量不均匀的建筑。

2. 答：(1) 自动温度调节器，自动调温作用；必须直立安装，温包放置在水加热器热水出口的附近。

(2) 减压阀，防止蒸汽压力过大，保证设备使用安全；根据蒸汽流量计算减压阀的工作孔口面积。

(3) 疏水器，排出冷凝水，防止蒸汽漏失；采用高压疏水器。

(4) 自动排气阀，排除上行下给式管网中热水汽化产生的气体；安装在管网的最高处。

(5) 自然补偿管道和伸缩器，避免管道因为承受了超过自身许可的内应力而导致弯曲或破裂；通常的做法是在转弯前后的直线段上设置固定支架。

(6) 膨胀管及膨胀罐，调节热水体积膨胀量；开式热水供应系统中应设膨胀管，亦可用膨胀罐代替膨胀管。

3. 答：热水供应系统设置循环管路的目的：为了保证配水点处的水温能够达到设计温度标准而设置循环管路，循环管路的循环流量主要是为了满足配水管网的热损失。

全循环：支管、立管、横干管均设循环管的方式。适合于标准高的建筑。

半循环：只有横干管设循环管的方式。适合于标准较低的建筑。

不循环：不设循环管的方式。适合于用水均匀或定时供水的建筑。

4. 答：$V_p=0.0006\Delta tV_s$。Δt——系统内的最大温差，℃；V_s——系统内的水容量，L，根据总水量、系统内的最大温差和水的膨胀系数来定。

5. 答：水中钙、镁离子的含量较高对设备造成危害。

6. 答：全日制系统循环水泵的出水量应为热水配水管网总循环流量和循环附加流量之和，定时热水系统水泵的流量按每小时循环的次数来计算。

7. 答：直接加热是以燃气、燃油、燃煤为燃料的热水锅炉，把冷水直接加热到所需热水温度，或者是将蒸汽或高温水通过穿孔管或喷射器直接通入冷水混合制备热水。热水锅炉直接加热具有热效率高、节能的特点。蒸汽直接加热具有设备简单、热效率高、无需冷凝水管的优点，但存在噪声大，对蒸汽质量要求高，冷凝水不能回收，热源需大量经水质处理的补充水，运行费用高等缺点。适用于具有合格的蒸汽热媒、且对噪声无严格要求的公共浴室、洗衣房、工矿企业等用户。

间接加热也称二次换热，是将热媒通过水加热器把热量传递给冷水达到加热冷水的目的，在加热过程中热媒与被加热水不直接接触。该方式的优点是回收的冷凝水可重复利用，只需对少量补充水进行软化处理，运行费用低，且加热时不产生噪声，蒸汽不会对热水产生污染，供水安全稳定。适用于要求供水稳定、安全、噪声要求低的旅馆、住宅、医院、办公楼等建筑。

8. 答：供暖的面积偏大，锅炉房在建造时要考虑风向、水源流向和便于灰渣的运输。

9. 答：优点：有一定的贮存容积，出水温度稳定，噪声低，压力损失小，出水压力平稳，供水安全。

缺点：热效率低，体积大，占地面积大，在散热管束下方的常温贮水中易产生军团菌。

10. 答：温降值是指热水锅炉或水加热器出口水温与系统最不利配水点的水温差，一般为5～10℃。

它的选用与系统的大小、保温材料有关。

11. 答：(1) 加热方式

1) 直接加热。适用于具有合格的蒸汽热媒且对噪声无严格要求的公共浴室、洗衣房、工矿企业的用户。

2) 间接加热。适用于要求供水稳定、安全、噪声要求低的旅馆、住宅、医院、办公楼等建筑。

(2) 加热设备及适用场所

1) 局部加热设备

① 燃气热水器。分为以下两种。

a. 直流快速式：用于厨房、浴室、医院手术室等局部热水供应。

b. 容积式热水器：供几个配水点或整个管网用水，可用于住宅、公共建筑和工业企业的局部和集中热水供应。

② 电加热器。分为以下两种。

a. 快速式：适合家庭和工业、公共建筑单个热水供应点使用。

b. 容积式：适用于局部供水和管网供水系统。

③ 太阳能热水器。分为以下两种。

a. 装配式：适用于家庭和分散场所使用。

b. 组合式：适用于大面积供应热水系统和集中供应热水系统。

2) 集中热水供应系统的加热设备

① 小型锅炉（燃煤、燃气、燃油）。适用于集中热水供应系统。

② 水加热器。分为以下四种。

a. 容积式水加热器：适用于用水温度要求均匀、需要贮存调节用水量场所。

b. 快速加热器：适用于出水量大，而且比较均匀的热水供应系统或建筑物热水采暖系统。

c. 半容积式水加热器：适用于机械循环的热水供应系统。

d. 半即热式水加热器：适用于各种不同负荷需求的机械循环热水供应系统。

③ 热水箱。适用于用水不均匀的热水供应系统中，以调节水量、稳定出水温度。

12. 答：典型的集中热水供应系统，主要由热媒系统、热水供水系统、附件三部分组成。其中，热媒系统由热源、水加热器和热媒管网组成；热水供水系统由热水配水管网和回水管网组成；附件包括蒸汽、热水的控制附件及管道的连接附件，如温度自动调节器、疏水器、减压阀、安全阀、自动排气阀、膨胀罐、管道伸缩器、闸阀、水嘴等。

13. 答：坡度不小于0.003，配水横干管应沿水流方向上升，利于管道中的气体向高点聚集，便于排放；回水横管应沿水流方向下降，便于检修时泄水和排除管内污物。

14. 答：(1) 当分区范围超过5层时，为使各配水点随时得到设计要求的水温，应采用全循环或立管循环方式；当分区范围小，但立管数多于5根时，应采用干管循环方式。

(2) 为防止循环流量在系统中流动时出现短流，影响部分配水点的出水温度，可在回水管上设置阀门，通过调节阀门的开启度，平衡各循环管路的水头损失和循环流量。若因管网系统大，循环管路长，用阀门调节效果不明显时，可采用同程式管网布置模式，使循环流量通过各循环管路的流程相当，可避免短流现象，利于保证各配水点所需水温。

(3) 为提高供水的安全可靠性，尽量减小管道、附件检修时的停水范围，或充分利用热水循环管路提供的双向供水的有利条件，放大回水管管径，使它与配水管径接近，当管路出现故障时，可临时作配水管使用。

15. 答：即热式水加热器适用于热水用量大且均匀，热力网大热媒供应充分的大型公共建筑，且水质较好，加热器结垢不严重的场合。容积式水加热器适用于用水温度要求均匀、需要贮存调节用水量的场所。

16. 答：主要附件有：自动温度调节装置、伸缩器、(阀门、止回阀) 排气阀、疏水器、减压阀、安全阀、膨胀管 (水箱)。

疏水器的作用是：保证凝结水及时排放，阻止蒸汽漏失。

17. 答：为保证管中水温符合设计要求，需设置循环管网，当全部或部分配水点停止配水时，应使一定量的水流回加热器重新加热，此流量叫循环流量。

作用：用以携带足够的热量，弥补管道的热损失。

18. 答：局部热水供应系统，适用于热水用水量较小且较分散的建筑，如单元式住宅、医院等建筑。

集中热水供应系统，适用于要求高，耗热量大，用水点多且比较集中的建筑，如高级住宅、旅馆等建筑。

区域热水供应系统，适用于城市片区、居住小区的范围内。

19. 答：由于系统的总循环流量 q_x 是管网不配水时，为保证配水水温所需的最小流量，当系统中某些点放水时，其流量与 q_x 同时通过配水管道，此时的水头损失必将大于 q_x 通过配水管道的水头损失。所以在计算水泵扬程时，必须考虑这一工况，否则某些点放水时，会影响全系统的正常循环，使系统的其他部分水温降低。

20. 答：容积式水加热器是间接加热方式中的加热设备，内部设有热媒导管的热水贮存容器，加热器本身有一定的容积，可以贮备一定量的热水，又有加热功能，热媒可用蒸汽或热水。有立式、卧式之分。立式占地面积小，但要求机房的高度比较高。卧式占地比较大。优点是供水稳定、安全、噪声低，但是热效率不太高。适用于要求供水水温均匀的医院、饭店、住宅楼等。

快速式水加热器：热媒与被加热水通过较大速度的流动进行快速换热的一种间接加热设备。水在加热器中是不停留的，加热器没有调节容积。它具有效率高、体积小、安装搬运方便的优点。缺点：其出水温度波动大、水头损失大、换热量大、容易结垢，对于冷水硬度比较高的情况，应该先进行软化处理。适用于用水量大的工业或公共建筑。

半即热式水加热器：带有预热装置，具有少量的贮存容积快速式水加热器。优点：其加热盘管可以自动除垢，换热速度快，其热水出水温度一般能控制在＋2.2℃，且体积小，节约空间。缺点：由于内循环泵不间断地运行，需要有极高的质量保证。

半容积式水加热器：带有适量的贮存与调节容积的内藏式容积式水加热器。优点：加热快，热效率高，温度稳定，容积利用率高，可达100%。缺点：有些带有循环泵，需要经常运转。

21. 答：存在问题：建筑物内集中热水供应系统的热水循环管道未采用同程布置方式，违反了《建筑给水排水设计规范》(GB 50015—2003) (2009年版) 第5.2.11条"建筑物内集中热水供应系统的热水循环管道宜采用同程布置的方式；当采用同程布置困难时，应采取保证干管和立管循环效果的措施"的规定。

原因分析：热水循环管道不同程布置会产生短路循环，使距离较远的用水点回水不畅，造成放掉冷水过多和不必要的经济损失。

改进措施：采用同程布置方式，见图3-12。

22. 答：不可以，它违反了《建筑给水排水设计规范》(GB 50015—2003) (2009年版) 第5.4.4条

“选用局部热水供应设备时，热水器不应安装在易燃物堆放或对燃气管、表或电气设备产生影响及有腐蚀性气体和灰尘多的地方”和第5.4.5条“燃气热水器、电热水器必须带有保证使用安全的装置。严禁在浴室内安装直接排气式燃气热水器等在使用空间内积聚有害气体的加热设备（强制性条文）”的规定。

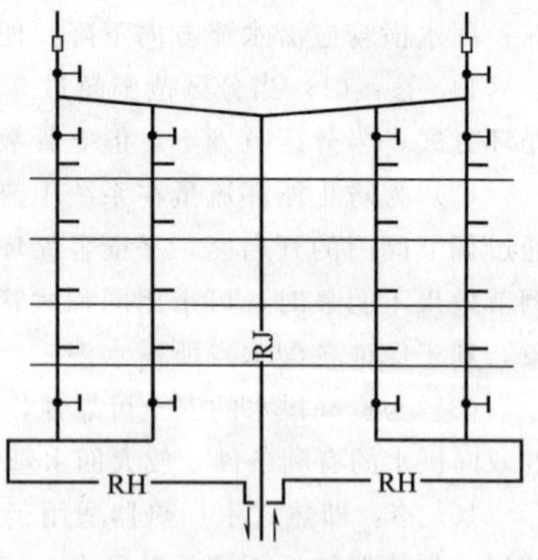

图 3-12　题 21 图

原因分析：直接排气式燃气热水器设在卫生间、厨房很危险，燃气需消耗卫生间、厨房中的氧气，同时排放的尾气中含 CO、CO_2。在通风条件较差时造成缺氧、排放的 CO_2 会使人窒息，CO会使人中毒；直接排气式燃气热水器设在堆放可燃物的杂物间内也是危险的，有可能引起火灾。

23. 答：水加热器未设温控装置，违反了《建筑给水排水设计规范》（GB 50015—2003）（2009 年版）第 5.6.9 条“水加热设备的出水温度应根据其有无贮热调节容积分别采用不同温级精度要求的自动温度控制装置”的规定。

原因分析：无论单管或双管热水系统，热水供应温度平衡是至关重要的，尤其贮热调节容积较小时，温度变化频繁或变化幅度大都将给使用者带来不便，甚至出现烫伤事故，所以，为了保证供水温度的平稳，应根据水加热器的种类在水加热器上设不同温级精度的自动温度调节阀。同时，为了确保热水水温平稳除了设自动温度调节阀外，设计中还应注意热水锅炉、水加热设备应装设温度计、压力表或水位计。

改进措施：增加自动温度控制等装置，见图 3-13。

24. 答：存在问题：闭式热水系统未设防止超压措施，违反了《建筑给水排水设计规范》（GB 50015—2003）（2009 年版）第 5.4.21 条“在闭式热水供应系统中，应设置压力式膨胀罐、泄压阀”的规定。

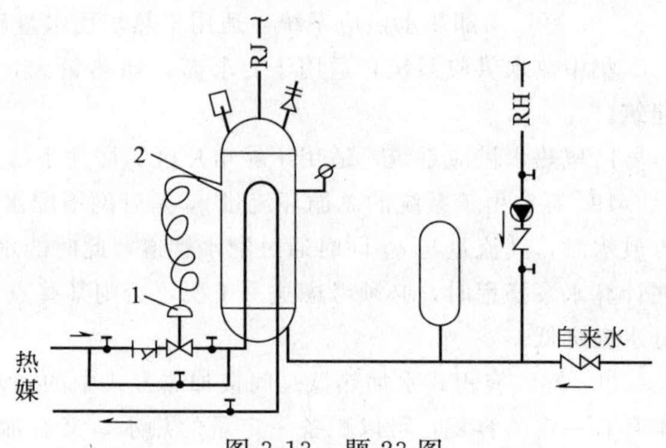

图 3-13　题 23 图

1—自动温度调节阀；2—温包

原因分析：闭式热水系统不设防超压措施，一旦水加热膨胀后压力过高，会酿成事故，造成人员伤害和经济损失。膨胀罐宜设置在加热设备的热水循环回水管上。

两种改进措施：日用热水量小于等于 $30m^3$ 的热水供应系统可采取安全阀，见图 3-14(a)；日用热水量大于 $30m^3$ 的热水供应系统应设置压力式膨胀罐，见图 3-14(b)。

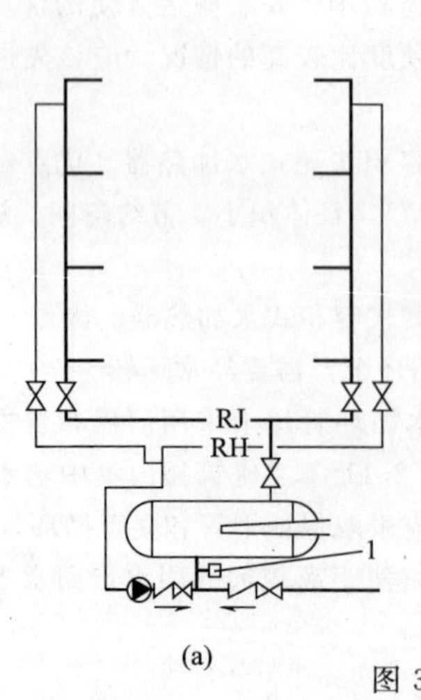

(a)　(b)

图 3-14　题 24 图

1—安全阀；2—膨胀罐

3.5 计算题

1. $V_p = 0.0006\Delta t V_s = 0.0006\times(60-5)\times1000 = 33\text{L}$

$h = H\left(\frac{\rho_h}{\rho_r}-1\right) = 100\times\left(\frac{0.99}{0.98}-1\right) = 1.02\text{m}$

2. $K_r = \frac{t_h - t_l}{t_r - t_l}\times100\% = \frac{45-4}{70-4}\times100\% = 62.12\%$

$K_l = 1-62.12\% = 37.88\%$

$Q_l = 1.42\times37.88\% = 0.54\text{L/s}$

$Q_r = 1.42\times62.12\% = 0.88\text{L/s}$

3. $h = H\left(\frac{\rho_l}{\rho_r}-1\right) = 5\times\left(\frac{0.9997}{0.9832}-1\right) = 0.084\text{m}$

4. 查减压阀理论流量曲线得：$q = 153\text{kg/(cm}^2\cdot\text{h)}$

$f = \frac{G}{0.6q} = \frac{600}{0.6\times153} = 6.54\text{cm}^2$

4 建筑热水供应系统设计

4.1 填空题

1. 全日热水供应系统是指在____________________________的系统。定时热水供应系统是指在__________________________________的系统。

2. 设计小时耗热量是________________________的耗热量。设计小时供热量热水供应系统中_______________的产热量。

3. 对应每个配水点的供水与回水管路长度之和基本相等的热水供应系统称为______系统。

4. 集中热水供应系统中，水加热器或热水贮水器与热水配水点之间组成的热水循环系统称为____________系统。

5. 热水供水温度指的是___________________出口温度。

6. 原水需水质处理但未进行水质处理，热水锅炉、热水机组或水加热器出口的最高水温可采用______℃，配水点的最低水温可采用______℃。

7. 设置集中热水供应系统的住宅，配水点的水温不应低于______℃。

8. 当洗衣房日用热水量（按60℃计）________且原水总硬度（以碳酸钙计）大于____mg/L时，应进行水质软化处理；原水总硬度（以碳酸钙计）为______mg/L时，宜进行水质软化处理。

9. 当日照时数大于1400h/年且年太阳辐射量大于4200MJ/m^2及年极端最低气温不低于______℃的地区，宜优先采用太阳能作为热水供应热源。

10. 集中热水供应系统的热源，宜首先利用__________、________、________。

11. 定时供应热水的住宅、旅馆、医院、疗养院病房，按卫生器具的同时使用百分数计算时，卫生间内浴盆或淋浴器可按____________计，其他器具____，但定时连续供水时间应大于等于2h。

12. 定时供应热水的住宅一户设有多个卫生间时，可____________计算。

13. 具有多个不同使用热水部门的单一建筑或具有多种使用功能的综合性建筑，当其热水由同一热水供应系统供应时，设计小时耗热量，可按同一时间内出现用水高峰的主要用水部门的________________加其他用水部门的________________计算。

14. 全日集中热水供应系统中，半容积式水加热器或贮热容积与其相当的水加热器、燃油（气）热水机组的设计小时供热量应按______________________计算；半即热式、快速式水加热器及其他无贮热容积的水加热设备的设计小时供热量应按________________计算。

15. 太阳能热水供应系统应设辅助热源及其加热设施，宜因地制宜选择____________、

______、__________、________等。

16. 医院热水供应系统的锅炉或水加热器不得少于____台，其他建筑的热水供应系统的水加热设备不宜少于两台，一台检修时，其余各台的总供热能力不得小于设计小时耗热量的__________。医院建筑不得采用有____________________水加热器。对于小型医院（指50床以下），由于热水量较小，设置的2台锅炉或水加热器，根据其构造情况，每台的供热能力可按________________计算。

17. 当热水系统由生活饮用高位水箱补水时，可将膨胀管引至同一建筑物的__________水箱的上空，膨胀管出口离接入水箱水面的高度不应少于________mm。

18. 在闭式热水供应系统中，应设置压力式膨胀罐、泄压阀，并应符合下列要求：日用热水量小于等于__m^3的热水供应系统可采用__________等泄压措施。

19. 高层建筑管道直饮水系统应竖向分区，各分区最低处配水点的静水压应满足：住宅不宜大于______MPa；办公楼不宜大于______MPa。

20. 管道直饮水应设循环管道，其供、回水管网应________布置，循环管网内水的停留时间不应超过________h。从立管接至配水龙头的支管管段长度不宜大于________m。

4.2 单项选择题

1. 某集中热水供应系统如图4-1所示，热媒为0.4MPa的饱和蒸汽，下列各项列出了图中所缺少的最基本附件，试问哪项是正确的？（ ）

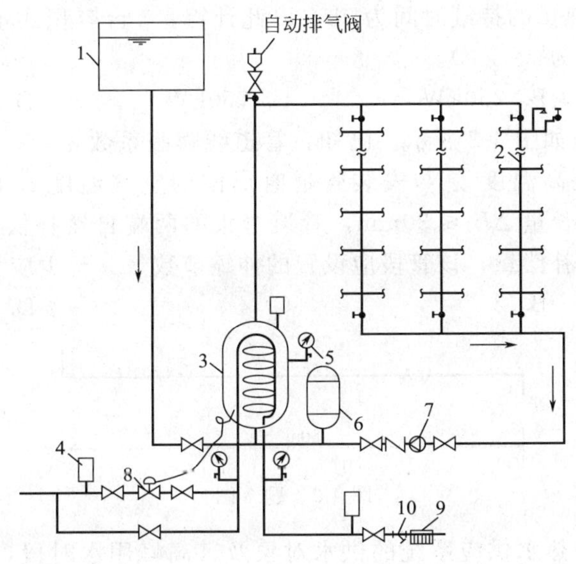

图4-1 题1图

1—冷水表；2—水表；3—水加热器；4—温度计；5—压力表；6—膨胀罐；7—循环泵；8—自动温控阀；9—疏水器；10—过滤器

（a）水加热器冷水进水管上止回阀

（b）水加热器冷水进水管上倒流防止阀

（c）水加热器上安全阀

（d）热水回水干管上温度传感器

（e）热水供水支管上阀门

（f）水加热器上膨胀管

A.（a）（c）（d）（e） B.（b）（c）（d）（e）

C.（a）（c）（d）（e）（f） D.（b）（c）（d）（e）（f）

2. 某旅馆设有餐饮、桑拿等设备，采用集中热水供应系统，各用水部位的平均小时耗热量、设计小时耗热量及相应最大用热水量时段见表 4-1，该旅馆集中热水供应系统设计小时耗热量应为下列何值？（ ）

表 4-1 题 2 表

用热水部位	平均小时耗热量/kW	设计小时耗热量/kW	最大用热水量时段/h
客人	45	300	20:00～23:00
职工	10	60	17:00～19:00
餐厅	0	60	17:00～20:00
桑拿间	0	30	21:00～24:00

A. 300kW B. 450kW C. 340kW D. 330kW

3. 某体育馆设有定时供应热水的热水供应系统，该系统热水循环管网总容积为 1.0m^3，下列循环水泵出水量哪项在正确值计算范围内？（ ）

A. 1.0m^3/h B. 5.0m^3/h C. 4.0m^3/h D. 6.0m^3/h

4. 某居住小区的集中热水供应系统设有 4 台容积式水加热器间接加热供应热水，已知该系统设计小时耗热量 Q_h=1000kW，加热器的总贮热量为 750kW［即 $1.163\eta V_r(t_r-t_l)\rho_r$ 的值］，若设计小时耗热量的持续时间为 3h，以此计算，4 台容积式水加热器总设计小时供热量（即热媒耗量）应为（ ）。

A. 1000kW B. 250kW C. 750kW D. 625kW

5. 某金属热水管段如图 4-2 所示。已知：管道线膨胀系数 α=0.02mm/(m·℃)，计算温度为（管道内热水最高温度 t_2 与安装管道时周围的空气温度 t_1 的差）$\Delta L_1=t_2-t_1=$ 50℃，伸缩节的轴向伸长量 $\Delta L_1\leqslant$30mm，管道弯头的两端自然补偿长度为≤10mm，若考虑充分利用弯头的自然补偿量，该管段应设置的伸缩节数量 n 至少应为（ ）。

A. 3 B. 2 C. 4 D. 1

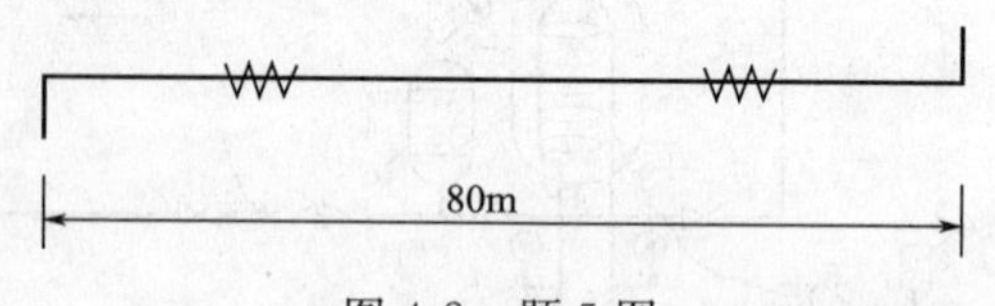

图 4-2 题 5 图

6. 某居住小区集中热水供应系统的供水对象及其高峰用水时段，设计小时耗热量及平均小时耗热量见表 4-2，则该小区热水系统的设计小时耗热量应为（ ）。

表 4-2 题 6 表

供水对象	高峰用水时段/h	设计小时耗热量/(kJ/h)	平均小时耗热量/(kJ/h)
住宅	20:30～21:30	31500000	9000000
公共建筑Ⅰ	19:30～21:30	200000	33000
公共建筑Ⅱ	21:00～22:00	500000	54000

A. 21587000kJ/h　B. 31754000kJ/h　C. 32033000kJ/h　D. 32200000kJ/h

7. 原水水质无需软化处理，水加热器出口的最高温度为（　　）。

A. 60℃　B. 75℃　C. 50℃　D. 45℃

8.《建筑给水排水设计规范》规定"当卫生设备设有冷热水混合器或混合龙头时，冷、热水供应系统在配水点处应有相近的水压。"此处相近的含义是指冷热水供水水压宜≤（　　）。

A. 0.01MPa　B. 0.02MPa　C. 0.03MPa　D. 0.05MPa

9. 某学生宿舍设公用淋浴室，采用每天集中供应热水 2h 的热水供应系统，60℃热水定额为 50L/(人·d)；学生人数 500 人，浴室中设 30 个淋浴器、8 个洗脸盆，其 40℃热水用水量 Q_S=140kW；冷水温度 t_L=10℃；通过一台水加热器制成热水，有关设计参数为：热水密度 ρ_r=1kg/L；有效贮热容积系数 η；半容积式、半即热式水加热器 η=1；导流型容积式水加热器 η=0.85，下列水加热器的选择方案及贮热总容积 V_r 中，正确者为何项？（　）

A. 选导流型容积式水加热器 V_r=3144L

B. 选导流型容积式水加热器 V_r=3144L

C. 选半容积式水加热器 V_r=3144L

D. 选导流型容积式水加热器 V_r=3144L

10. 某培训中心采用定时热水供应系统，其设计数据如下：学员 600 人，60℃热水定额为 100L/(人·d)，热媒为高温热水，经一台贮水容积为 5.0m^3 的半容积式加热器供给热水，热水供水管网容积为 1.2m^3，回水管网容积积为 0.3m^3，膨胀罐处管网工作压力为 0.3MPa，冷水供水温度 10℃，回水温度 50℃。水温为 10℃、50℃、60℃时水的密度分别为 0.999kg/L、0.988kg/L、0.983kg/L，下列循环泵流量 q_X 和膨胀罐总容积 V_e 的计算答案中哪项是正确的？（　）

A. q_X=3～6m^3/h　V_e=2.22m^3　B. q_X=13～26m^3/h　V_e=2.22m^3

C. q_X=300m^3/h　V_e=2.22m^3　D. q_X=3～6m^3/h　V_e=0.69m^3

11. 关于水加热设备安装自动温度控制阀的说法中正确的是（　　）。

A. 容积式、半容积式、半即热式水加热器均应安装温级精度为±5.0℃的自动温度控制阀

B. 容积式水加热器应安装温级精度为±5.0℃的自动温度控制阀，半即热式水加热器应安装温级精度为±3.0℃的自动温度控制阀

C. 容积式水加热器应安装温级精度为±5.0℃的自动温度控制阀，半容积式水加热器应安装温级精度为±3.0℃的自动温度控制阀，半即热式水加热器应安装温级精度为±1.0℃的自动温度控制阀

D. 容积式、半容积式、半即热式水加热器均应安装温级精度为±2.0℃的自动温度控制阀

12. 某居住小区设置集中热水供应系统。该小区各类建筑生活用水最人时用水量及最大用水时段（时段指一天中 0～24 时）、最大小时和平均小时耗热量见表 4-3。该小区设计小时耗热量应为（　　）。

表 4-3　题 12 表

项　　目	住宅	食堂	浴池	健身中心
最大时用水量/m^3	1000	210	250	80
最大用水时段/h	18～24	6～12	18～24	0～6
最大小时耗热量/kW	2500	840	400	120
平均小时耗热量/kW	1000	220	200	30

A. 1450kW　B. 2950kW　C. 3150kW　D. 3860kW

13. 某居住小区内住宅和公共浴池设置集中热水供应系统。住宅 300 户，每户 2 个卫生间，每个卫生间内设浴盆、洗脸盆各一个；公共浴室设淋浴器 50 个，洗脸盆 5 个。每晚 7：30～10：30 定时供应热水。热水温度 60℃，冷水温度 10℃，热水密度 1kg/L；卫生器具热水小时用水定额为：浴盆 200L/h，淋浴器 300L/h，洗脸盆 30L/h。卫生器具的同时使用百分数均为 100%。求该系统设计小时耗热量应为（　）。

A. 4370182W　　B. 4893557W

C. 7859348W　　D. 8906098W

14. 某热水供应系统采用容积式水加热器供应热水。其设计参数如下：冷水温度 10℃，热水温度 60℃，制备热水所需热量 600000W；热媒为压力 0.07MPa 的饱和蒸汽，冷凝回水温度为 80℃，传媒效率系数 0.8，热损失系数 1.1，传热系数 650W/(m^2·℃)，要求加热器出水温度为 70℃。则水加热器的加热面积应为（　）。

A. 63.46m^2　　B. 25.38m^2　　C. 23.08m^2　　D. 19.63m^2

15. 某全日机械循环热水供应系统，热水供应量 12m^3/h，设计小时耗热量 300000W，水加热器出口水温 70℃，配水管热损失 18000W，回水管热损失 8000W，回水温度 55℃，热水密度为 1kg/L，则该热水系统的循环流量为（　）。

A. 0.29L/s　　B. 0.43L/s　　C. 0.62L/s　　D. 7.17L/s

16. 表 4-4 为某宾馆全日集中热水供应系统各部门热水用水高峰时段的设计小时耗热量和平均小时耗热量。其中卫生间用水高峰时段为 20：00～23：00，其他部门用水高峰时段为 10：00～19：00，则该宾馆集中热水供应系统设计小时耗热量（　）。

表 4-4　题 16 表

项　目	卫生间	游泳池	厨房	职工淋浴间	健身房	商场
高峰时段设计小时耗热量/kW	1400	210	600	150	400	100
平均小时耗热量/kW	350	70	150	100	200	25

A. 2860kW　　B. 1945kW　　C. 1692kW　　D. 895kW

17. 某公共建筑集中热水供应系统设计小时耗热量为 480kW，采用表压 0.2MPa 饱和蒸汽为热媒的半容积式加热器，冷水温度 65℃，热媒冷凝回水温度 100℃，热水密度均以 1kg/L 计，则水加热器的最小贮热水量容积应为（　）。

A. 6397L　　B. 1892L　　C. 1720L　　D103L

18. 某居住小区设有集中热水供应系统，热水供应对象及设计参数见表 4-5。则该小区设计小时耗热量应为（　）。

表 4-5　题 18 表

热水供应对象	设计小时耗热量/kW	最高日 24 小时各时段用水量/(m^3/h)							使用人数
		1～6	6～8	8～10	10～13	13～17	17～20	20～24	
住宿	1442	5.6	33.0	22.5	40.5	22.5	45.5	11.25	3000
招待所	245	1.5	3.6	7.2	14.4	7.2	15.0	7.2	300
培训中心	166	0.2	2.4	7.4	8.0	1.6	4.8	12.0	100

A. 1853kW　　B. 1711kW　　C. 1652kW　　D. 992kW

19. 某机械循环全日制集中热水供应系统，采用半容积式水加热器供应热水，配水管道起点水温 65℃，终点水温 60℃，回水终点水温 55℃，热水温度均以 1kg/L 计。该系统配水管道热损失 30000W，回水管道热损失 10000W。则系统的热水循环流量应为（　　）。

A. 6896.6L/h　　B. 5159.1L/h　　C. 3439.4L/h　　D. 25779.5L/h

20. 关于热水供应系统和供水方式的选择，下列哪项是正确的？（　　）

A. 太阳能加热系统不适宜用冷、热水压力平衡要求较高的建筑中

B. 蒸汽间接加热方式不适宜用于冷、热水压力平衡要求较高的建筑中

C. 另设热水加压泵的方式不适宜用于冷、热水压力平衡要求较高的建筑中

D. 水源热泵加热系统不适宜用于冷、热水压力平衡要求较高的建筑中

21. 某洗衣房，最高日热水用水定额为 15L/kg 干衣，热水使用时间 8h，则该洗衣房最高日用水定额不应小于（　　）。

A. 15L/kg　　B. 25L/kg　　C. 40L/kg　　D. 80L/kg

22. 关于热媒耗量，下列哪项是正确的？（　　）

A. 热煤耗量是确定热水配水管网管径的依据

B. 热煤耗量与设计小时耗热量数值大小无关

C. 热媒管道热损失附加系数与系统耗热量有关

D. 燃油机组热煤耗量与加热设备效率有关

23. 下列关于高层建筑热水供应系统设计的叙述中，哪项是错误的？（　　）

A. 热水供应系统分区应与冷水给水系统一致

B. 热水供应系统采用的减压阀，其材质与冷水给水系统不同

C. 采用减压阀分区的热水供应系统可共用第二循环泵

D. 减压阀分区的热水供应系统不节约

24. 某住宅楼 25 户（按 100 人计）设置集中热水供应系统，每户设有两个卫生间（各设淋浴器 1 个，无浴盆）。热水用水定额 60L/(人 · d)，冷水温度取 10℃，热水使用时间 19：00～22：00，该住宅楼热水供应系统的设计小时热耗量最小（　　）（注：水温 60℃，密度为 0.9832kg/L；水温 40℃，密度为 0.9922kg/L；水温 37℃，密度为 0.9934kg/L；水温 10℃，密度为 0.9997kg/L）

A. 1185598kJ/h　　B. 247000kJ/h　　C. 395433kJ/h　　D. 275142kJ/h

25. 下列关于热源选择遵循的原则错误的是（　　）。

A. 太阳能热水供应系统中空气源热泵为其辅助热源的首先

B. 最冷月平均气温不小于 10℃的地区采用空气源热泵热水供应系统，可不设辅助热源

C. 可采用污废水作为水源热泵热水供应系统的热源

D. 电源供应充沛的地区可采用电热水器

26. 某宾馆设置定时集中热水供应系统，采用 2 台 5.5m^3 容积式加热器，回水管上设压力膨胀罐，该处管内压力 0.4MPa。设计热水供水温度为 60℃（密度 0.98kg/L），回水温度 40℃（密度 0.99kg/L），热水管网水容量 4000L。则膨胀罐的总容积应为（　　）。

A. 0.89m^3　　B. 1.68m^3　　C. 2.13m^3　　D. 3.37m^3

27. 下列有关热水供应系统设计参数的叙述中，哪项不正确？（　　）

A. 设计小时耗热量是使用的用水设备、器具用水量最大时段内小时耗热量

B. 同意建筑不论采用全日或定时热水供水系统，其实际小时耗热量是相同的

C. 设计小时供热量是加热设备供水最大时段内的小时产热量

D. 同一建筑的集中热水供应系统选用不同加热设备时，其设计小时供热量是不同的

28. 以下有关热水供应系统第二循环管网循环水泵的叙述中，哪项是正确的？（　　）

A. 循环水泵的扬程应满足最不利配水点最低工作压力的要求

B. 循环水泵的壳体所承受的工作压力应以水泵的扬程计

C. 全日制或定时热水供应系统中，循环水泵流量的计算方法不同

D. 全日制热水供应系统中，控制循环水泵启闭的为最不利配水点的使用水温

29. 下述浴室热水供应系统的设计中，哪项不符合要求？（　　）

A. 淋浴器数量较多的公共浴室，应采用单管热水供应系统

B. 单管热水供应系统应有保证热水温度稳定的技术措施

C. 公共浴室宜采用开式热水供应系统以便调节混合水嘴出水温度

D. 连接多个淋浴器的配水管宜连成环状，且其管径应大于 20mm

30. 下述热水供应系统和管道直饮水系统管材的选择中，哪项不符合要求？（　　）

A. 管道直饮水系统应优选薄壁不锈钢管

B. 热水供应系统应优选薄壁不锈钢钢管

C. 定时供应热水系统应优选塑料热水管

D. 开水管道应选用许可工作温度大于100℃的金属管

31. 某居民楼共 100 户、共 100 人，每户有两个卫生间，每个卫生间内有洗脸盆、带淋浴器的浴盆各 1 个，均由该楼集中热水供应系统定时供水 4h，则该系统最大设计小时的耗热量应为（　　）。(冷水温度 10℃，热水密度以 1kg/L 计)

A. 733kW　　B. 1047W　　C. 1745kW　　D. 2094kW

32. 某建筑热水供应系统采用半容积式水加热器，热媒为蒸汽，其供热量为 384953W。则该水加热器的最小有效贮水容积应为（　　）。(热水温度 60℃、冷水温度 10℃，热水密度以 1kg/L 计)

A. 1655L　　B. 1820L　　C. 1903L　　D. 2206L

4.3　多项选择题

1. 如图 4-3 所示为热水管上伸缩节与固定支架的四种布置方式（图中尺寸单位为米），已知：弯头的自然补偿量≤10m，伸缩节补偿量≤（20m 长直管的伸缩量），指出下列伸缩节与固定支架布置方式中哪些是经济合理的？（　　）

A. 图(a)　　B. 图(b)　　C. 图(c)　　D. 图(d)

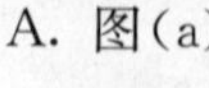

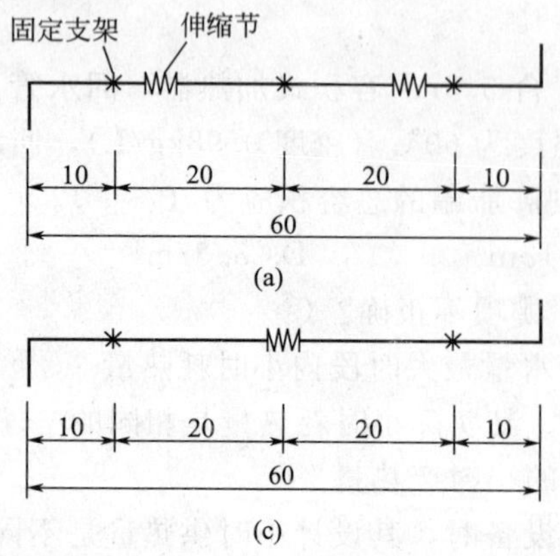

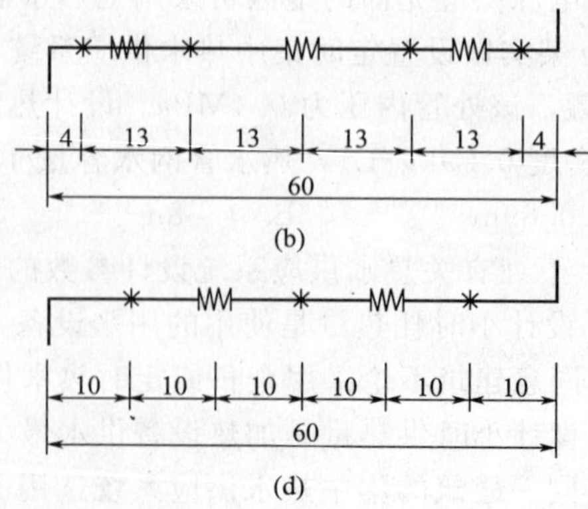

图 4-3　题 1 图

2. 如图 4-4 所示汽-水换热的水加热器的配管及附件组合方案中，下列哪些表述正确的？（　　）

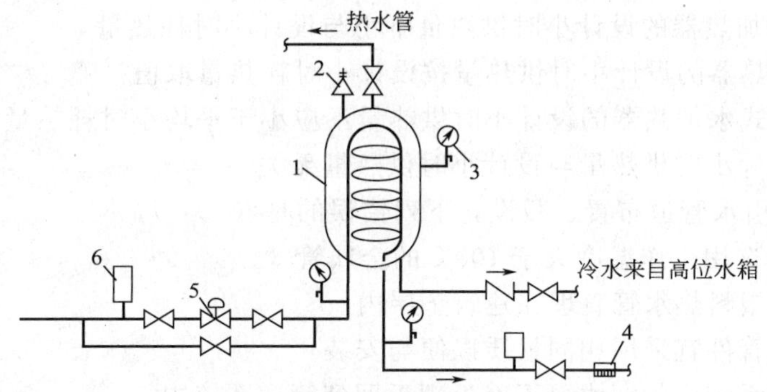

图 4-4　题 2 图

1—水加热器；2—安全阀；3—压力表；4—疏水器；5—自动温控阀；6—温度计

A. 疏水器前未加过滤前　　　　　　B. 自动温控阀未配温包

C. 凝结水回水管上的疏水器未加旁通管　D. 水加热器罐体上未配温度计

3. 某集中热水供应系统的工作压力 $P_N=1.0$MPa，选用管材方案如下，其中不正确的为：（　　）。

A. 从设备机房内到配水点全部选用 $P_N=1.6$MPa 薄壁铜管

B. 从设备机房内到配水点全部选用 $P_N=1.6$MPa 薄壁不锈铜管

C. 从设备机房内到配水点全部采用温度为 80℃的 $P_N=2.0$MPa 的塑料管

D. 设备机房内采用 $P_N=1.6$MPa 钢塑热水管，其他采用温度为 40℃时 $P_N=1.0$MPa 的塑料管

4. 下列热水管敷设说明中，哪些是错误的？（　　）

A. 热水管穿越建筑物楼板、基础、屋面及地下室外墙时应加套管；

B. 热水管穿越建筑物楼板加套管，穿越基础、屋面及地下室外墙时应加防水套套管；

C. 热水管穿越建筑物楼板和基础应加套管，穿越屋面及地下室外墙时应加防水套套管；

D. 热水管穿越建筑物楼板和基础应留孔洞，穿越屋面及地下室外墙时应加防水套套管。

5. 以下高层建筑热水供应系统设计方案说明中，哪几项技术是不合理的？（　　）

A. 热水供应系统分区与给水系统分区相一致，为确保热水温度恒定，根据业主要求增设温式水龙头

B. 建筑高度 140m，热水供应系统分四个区，各区自成系统，加热设备、循环水泵集中设在地下室，以便于运行中的统一管理

C. 建筑层数 24 层，热水供应系统按层数均分为四个区，每个分区设置 6 根立管组成上行下给式管网，采用干管循环方式

D. 为提高供水安全可靠性，考虑循环管路的双向供水，可放大回水管管径，使其与配水管管径接近

6. 下列关于设计小时耗热量的说法中，哪几项正确？（　　）

A. 热水用水定额低、使用人数少时，小时变化系数取高值

B. 热水供应系统热水量的小时变化系数大于给水系统的小时变化系数

C. 全日与定时热水供应系统的设计小时耗热量，其计算方法不同

D. 某办公楼热水使用时间为8h，设计小时耗热量应按定时供应系统计算

7. 关于耗热能与加热设备供热能，下列哪几项是错误的？（　　）

A. 半容积式水加热器的设计小时供热量不小与设计小时耗热量

B. 快速式水加热器的设计小时供热量按设计小时耗热量取值

C. 导流型容积式水加热器的设计小时供热量不应小于平均小时耗热量

D. 水源热泵设计小时供热量与设计小时供热量无关

8. 关于热水、引水管道布置、敷设，下列错误的是（　　）。

A. 热水管道应选用工作温度大于100℃的金属管

B. 允许小口径塑料热水管直埋在建筑垫层内

C. 热水管道与管件宜采用相同材质以便与安装

D. 管道直饮水系统中的回水可不经处理返回到管道系统中

9. 如图4-5所示为某十层旅馆集中热水供应系统，正确的是（　　）。

A. 图(a)　　B. 图(b)　　C. 图(c)　　D. 图(d)

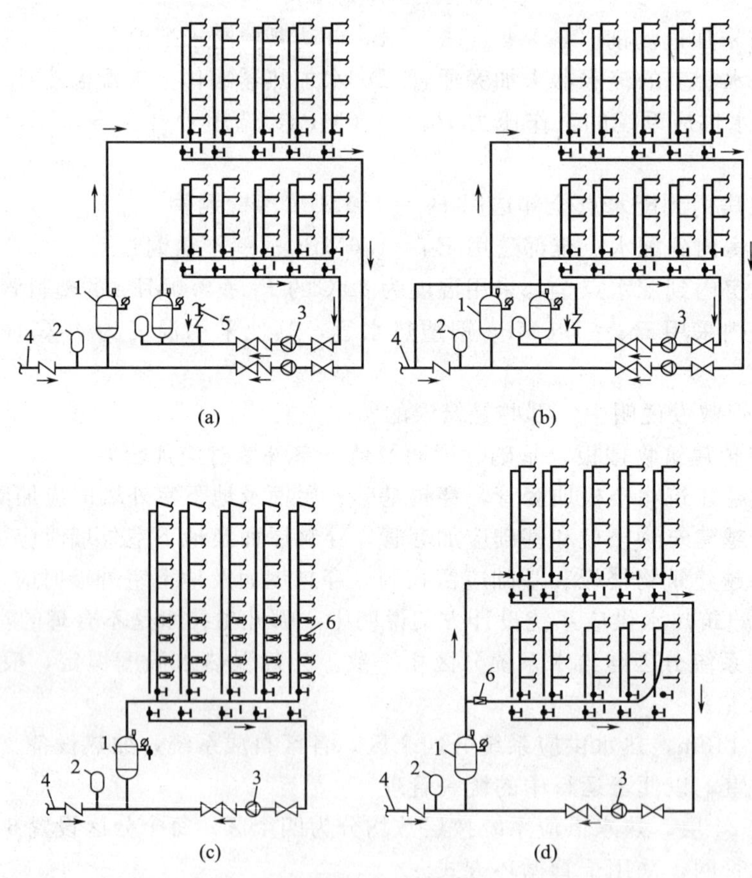

图4-5　题9图

1—水加热器；2—膨胀罐；3—循环泵；4—高区给水管；
5—低区给水管；6—减压阀

10. 下列关于热水配水管网水力计算的叙述中，正确的是（　　）。

A. 热水配水管网的设计秒流量公式与冷水系统相同

B. 计算热水管道中的设计流量时，其上设置的混合水嘴洗脸盆的热水用水定额应取0.15L/s

C. 应选取小于冷水管道系统的水流速度

D. 热水管网单位长度的水头损失，应按海澄-威廉公式确定，同时应考虑结垢、腐蚀等因素对管道计算内径的影响

11. 下列关于热水循环泵设置的叙述中，不正确的有（　　）。

A. 半即式水加热器循环泵的扬程应为循环流量通过配水管网和回水管网的水头损失之和

B. 热水循环泵应选用普通管道泵

C. 循环泵壳体承受的工作压力不得小于泵体所承受的静水压力与水泵扬程之和

D. 循环泵不需设置备用泵

12. 以下有关水加热设备选择的叙述中，正确的是（　　）。

A. 容积式水加热设备被加热水侧的压力损失宜≤0.01MPa

B. 某 40 个床位的医院热水供应系统设置 2 台水加热设备时，为确保手术室热水供水安全，一台检修时，另一台的供热能力不得小于设计小时耗热量

C. 局部热水供应设备同时给多个卫生器具供热水时，因瞬时负荷不大，宜采用即热式加热设备

D. 热水用水较均匀，热媒供应能力充足，可选用半容积式水加热器

13. 热水管网应在下列管段上装设阀门，正确的是（　　）。

A 室内热水管道向公用卫生间接出的配水管的起端

B. 从立管接出的支管上

C. 配水立管和回水立管上

D. 与配水、回水干管连接的分干管上

14. 下列关于开式热水供应系统膨胀管的做法中，正确的是（　　）。

A. 在北方地区，对膨胀管进行保温设置

B. 水加热器传热面积为 $20m^2$ 的系统，设计膨胀管管径为 50mm

C. 膨胀管上未装设检修阀

D. 两台水加热器合用一根膨胀管引至屋顶的消防高位水箱，其出口距水箱水面的高度为 150mm

15. 集中热水供应系统水加热设备设计小时供热量应根据日热水用量小时变化曲线、加热方式及水加热设备的工作制度经积分曲线计算确定。当无条件利用曲线计算时，下列说法中错误的是（　　）。

A. 容积式和半容积式加热器都应按设计小时耗热量计算

B. 半容积式和半即热式加热器都应按设计小时耗热量计算

C. 半容积式加热器应按设计小时耗热量计算，半即热式加热器应按设计秒流量计算

D. 半即热式和快速式加热器都应按设计秒流量计算

4.4 问答题

1. 设计热水供应系统时，如何确定热水的使用温度、热水供水温度和冷水计算温度？

2. 全日集中热水供应系统中，锅炉、水加热设备的设计小时供热量如何确定？

3. 如何进行冷热水比例计算？

4. 公共浴室淋浴器出水水温应稳定，并宜采取哪些措施？

5. 工程设计中如何确定容积式水加热器或加热水箱、半容积式水加热器贮水容积？

6. 机械循环全日制热水供应系统第二循环管网水力计算的步骤是什么？

7. 试述机械循环定时热水供应系统第二循环管网循环流量计算方法。

8. 热水供应系统中膨胀管和膨胀水箱、压力式膨胀罐、泄压阀的设置有何要求？

9. 高层建筑热水供应系统的分区，应遵循哪些原则？图 4-6 中（a）、（b）、（c）三种高层建筑热水系统各有何特点。

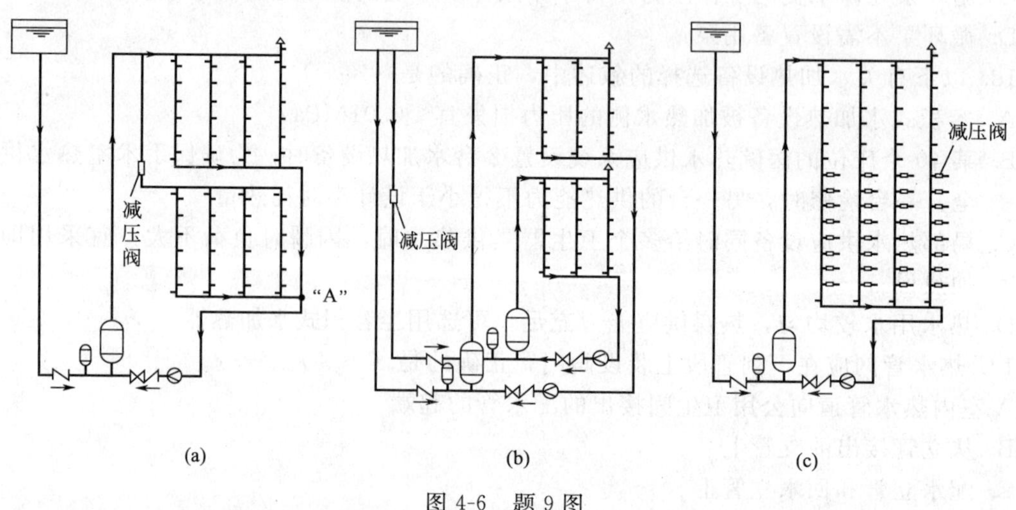

图 4-6　题 9 图

10. 强制循环太阳能热水系统的循环泵如何选择？

11. 图 4-7 中高层热水系统分区是否存在问题？如果有，如何改进？

12. 图 4-8 中公共浴室设计中存在哪些问题，如何改进？

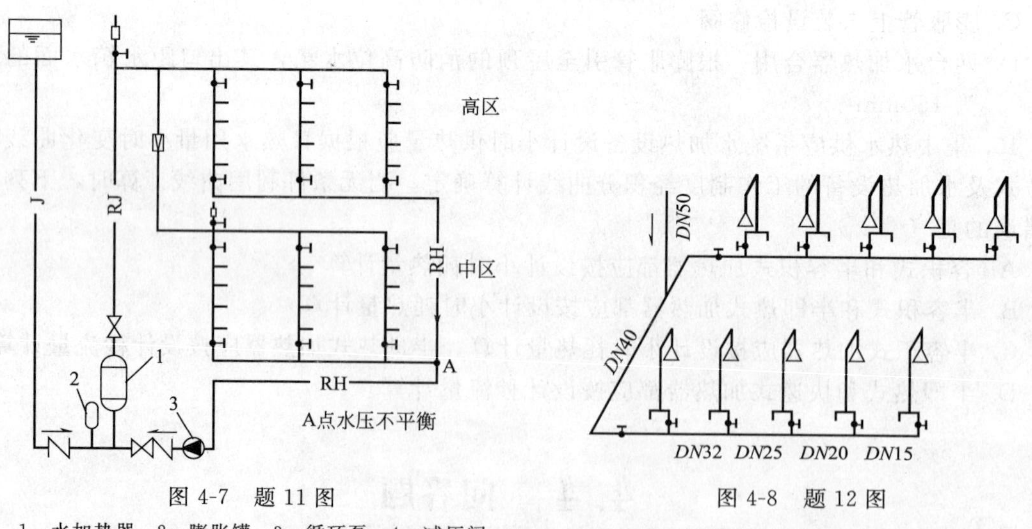

图 4-7　题 11 图

1—水加热器；2—膨胀罐；3—循环泵；4—减压阀

图 4-8　题 12 图

13. 某热水系统，水加热器出水与最不利用水点净高差 20m，循环流量通过配水管道的水头损失 $21mmH_2O$（$1mmH_2O=9.8Pa$，下同），回水管道水头损失 $158mmH_2O$，采用循环泵扬程 $H=22m$ 是否合适？

14. 图 4-9 中热水管网设计中存在哪些问题，如何改进？

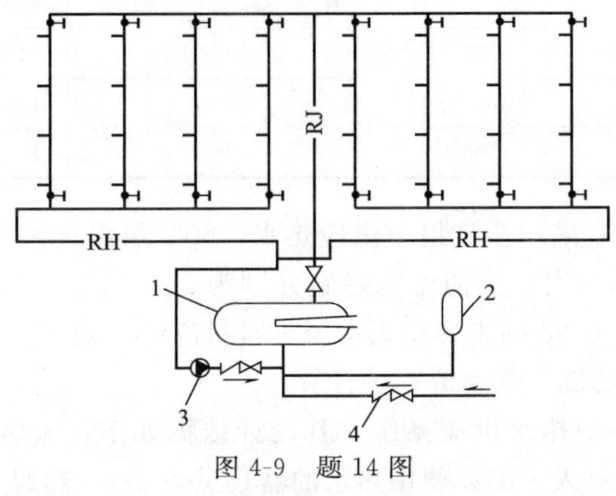

图 4-9　题 14 图

1—水加热器；2—膨胀罐；3—循环泵；4—止回阀

4.5　计算题

1. 某机械循环全日制集中热水供应系统，采用半容积式水加热器供应热水，配水管道起点水温 65℃，终点 60℃，回水终点温度 55℃，热水密度均以 1kg/L 计。该系统配水管道热损失 30000W，回水管道热损失 10000W。则系统的热水循环流量应该为多少？

2. 某宾馆有 200 张床位，客房均设专用卫生间，内有浴盆、脸盆各 1 件。宾馆全日集中供应热水，加热器出口热水温度为 70℃，当地冷水温度 10℃。采用容积式水加热器，以蒸汽为热媒，蒸汽压力 0.2MPa（表压）。试计算：设计小时热水量，设计小时耗热量，热媒耗量（假设设计小时供热量等于设计小时耗热量）。

3. 某居住小区内住宅和公共浴池设置集中热水供应系统，住宅 300 户，每户 2 个卫生间，每个卫生间内设浴盆、洗脸盆各一个；公共浴室设淋浴器 50 个，洗脸盆 5 个。每晚 7：30～10：30 定时供应热水。热水温度 60℃，冷水温度 10℃，卫生器具热水小时用水定额为：浴盆 200L/h，淋浴器 300L/h，洗脸盆 30L/h，卫生器具的同时使用百分数均为 100％。计算系统设计小时耗热量为多少？

4. 某宾馆共有 900 张床位，卫生设备，餐饮、洗衣等服务设施齐备。热水供应系统采用全日制热水供应，热水供水定额为 150L/(床·d)，小时变化系数为 4.19，供水温度 60℃，冷水温度为 10℃，试求：(1) 最大小时热水量；(2) 设计小时耗热量；(3) 热媒拟采用市政供热管网的 115～70℃的高温水，该生活热水系统的热媒耗量；(4) 如该系统采用 0.4MPa 的饱和蒸汽为热媒，蒸汽的汽化潜热为 2108.4kJ/kg，热水系统的热媒耗量应为多少？

5. 某疗养院采用一个有效容积系数 $\eta=0.9$，总容积 $V=50000$L 的贮热水箱配快速式水加热器集中供应 60℃热水，每天定时供热水 3h，$K_h=2.06$，冷水温度为 10℃，热水密度均为 0.992kg/L，热媒为 0.4MPa 的饱和蒸汽，热焓为 2749kJ/kg，凝结水温度为 80℃，其用热水基本参数见表 4-6，计算最大蒸汽量值？

表 4-6　题 5 表

名　称	数　量	60℃热水用水定额
病人	100	120L/(人·d)

续表

器　　具	数　　量	40℃热水一小时用量/L
浴缸(病房内)	300	300
淋浴器(病房内)	300	150
洗脸盆(病房内)	300	20

6. 某医院床位数为800采用全日集中供应热水，60℃热水定额为160L/(床·d)，冷水供水温度10℃，热媒为饱和蒸汽，其初温、终温分别为151℃、80℃，蒸汽热焓为2749kJ/kg，采用有效贮热容积系数$\eta=0.95$的半容积式水加热器制备65℃热水，热水密度均为0.983kg/L，试计算水加热器设备容积及最大蒸汽量G的计算。

7. 某宾馆采用全日集中热水供应系统，其设计依据如下：旅客600人，员工80人，其60℃热水定额分别为150L/(人·d)；使用热水的器具见表4-7。热媒为高温热水，经半即热式水加热器制备热水，其热媒进、出口温度$t_{mz}=60℃$，$t_c=10℃$，热水密度均按$\rho=0.983$kg/L计，热损系数$C_r=1.1$，水垢影响系数$\varepsilon=0.8$，水加热器传热系数$K=1800$W/(m^2·℃)。计算水加热器加热面积F_{jr}。

表4-7　题7表

器具	洗脸盆(混合水嘴)	浴盆(混合水嘴)	洗涤盆(混合水嘴)	淋浴器
数量	450个	300个	30个	20个

8. 某宾馆设置定时集中热水供应系统，采用2台5.5m^{3}容积式水加热器，回水管上设压力膨胀罐，该处压力0.4MPa，设计热水供水温度为60℃密度（0.98kg/L)、回水温度为40℃（0.99kg/L)，冷水温度4℃（1.0kg/L)，热水管网水容量为4000L，则膨胀罐的总容积为多大?

9. 某建筑全日制集中热水供应系统的循环管网如图4-10所示，配水管网热损失见表4-8。水加热器出口水温60℃（0.9832kg/L)，回水终点水温40℃（0.9922kg/L)，冷水温度10℃（0.9997kg/L)。热水供水系统的循环流量最小为多少?

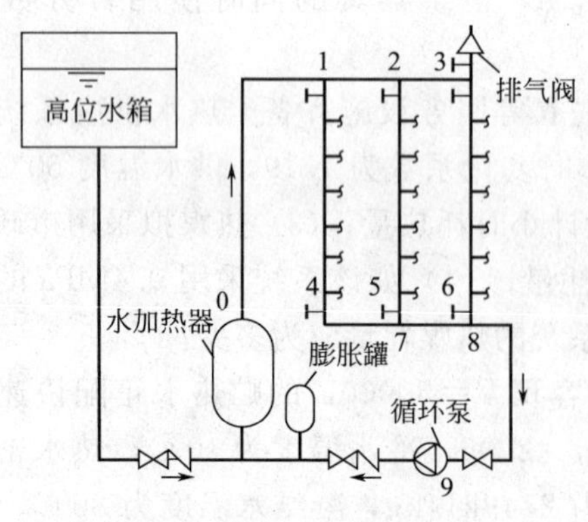

图4-10　题9图

表4-8　题9表

管段	热损失/(kJ/h)	管段	热损失/(kJ/h)	管段	热损失/(kJ/h)
01	760	25	580	78	40
12	180	36	560	68	30
23	160	47	70	89	210
14	600	57	30		

10. 某高层旅馆中区的热水供应系统小时最大耗热量为850kW，热水供应温度60℃，冷水温度10℃，热媒为0.2MPa表压蒸汽。拟采用卧式容积式换热器。试计算并确定换热器型号及数量?

4.6 参考答案

4.1 填空题

1. 全日、工作班或营业时间内不间断供应热水　全日、工作班或营业时间内某一时段供应热水
2. 热水供应系统中用水设备、器具最大时段内　加热设备最大时段内
3. 同程热水供应
4. 第二循环
5. 水加热器
6. 60　50
7. 45
8. 大于等于 $10m^3$　300　150～300
9. －45
10. 工业余热　废热　地热
11. 70％～100％　不计
12. 按一个卫生间
13. 设计小时耗热量　平均小时耗热量
14. 设计小时耗热量　设计秒流量所需耗热量
15. 城市热力管网、燃气、燃油、电热泵
16. 2　50％　滞水区的　设计小时耗热量
17. 非生活饮用　100
18. 30　安全阀
19. 0.35　0.40
20. 同程　12　3

4.2 单项选择题

1. A　2. C　3. C　4. C　5. B　6. C　7. B　8. A　9. A　10. A　11. B
12. C　13. A　14. B　15. A　16. B　17. C　18. B　19. B　20. C　21. C　22. D
23. C　24. D　25. A　26. D　27. B　28. C　29. A　30. C　31. B　32. A

4.3 多项选择题

1. AD　2. ABD　3. CD　4. ABD　5. BC　6. AC　7. AB　8. ACD
9. AC　10. ACD　11. ABD　12. ABD　13. ABCD　14. ABC　15. AB

4.4 问答题

1. 答：(1) 热水使用温度。生活用热水水温应满足生活使用的各种需要，按《建筑给水排水设计规范》(GB 50015—2003)(2009 年版) 表 5.1.1-2 确定。其中淋浴器使用水温，应根据气候条件、使用对象确定。在计算耗热量和热水用量时，一般按 40℃计算。

餐厅厨房用热水温度与水的用途有关，洗衣机用热水温度与洗涤衣物的材质有关，其热水使用温度见表 4-9。

表 4-9　题 1 表

用水对象	用水温度/℃	用水对象	用水温度/℃
餐厅厨房		洗衣机	
一般洗涤	50	棉麻织物	50～60
洗碗机	60	丝绸织物	35～45
餐具过清	70～80	毛料织物	35～40
餐具消毒	100	人造纤维织物	30～35

汽车冲洗用水，在寒冷地区，为防止车身结冰，宜采用 20～25℃的热水。生产热水使用温度应根据工艺要求或同类型生产时间数据确定。

(2) 热水供水温度。热水供水温度是指热水供应设备（如热水锅炉、水加热器等）的出口温度。最低供水温度，应保证热水管网最不利配水点的水温不低于使用水温要求。最高供水温度，应便于使用，过高的供水温度虽可增加蓄热量，减少热水供应量，但也会增大加热设备和管道的热损失，增加管道腐蚀和结垢的可能性，并易引发烫伤事故。根据水质处理情况，加热设备出口的最高水温和配水点最低水温可按《建筑给水排水设计规范》(GB 50015—2003)（2009 年版）表 5.1.5 采用（见表 4-10）。对于个别要求水温较高的设备，如洗碗机、餐具过清、餐具消毒等，宜采用将热水供应系统一般水温的热水进一步加热或单独加热方式获得高水温。

表 4-10　直接供应热水的热水锅炉、热水机组或水加热器出口的最高水温和配水点的最低水温

水质处理情况	热水锅炉、热水机组或水加热器出口的最高水温/℃	配水点的最低水温/℃
原水水质无需软化处理，原水水质需水质处理且有水质处理	75	50
原水水质需水质处理但未进行水质处理	60	50

设置集中热水供应系统的住宅，配水点的水温不应低于 45℃。

热水供水温度以控制在 55～60℃之间为好，因温度大于 60℃时，一是将加速设备与管道的结垢和腐蚀，二是系统热损失增大耗能，三是供水的安全性降低，而温度小于 55℃时，则不易杀死滋生在温水中的各种细菌，尤其是军团菌之类致病菌。

(3) 冷水计算温度。冷水的计算温度，应以当地最冷月平均水温资料确定。当无水温资料时，可按《建筑给水排水设计规范》(GB 50015—2003)（2009 年版）表 5.1.4 采用。

2. 答：全日集中热水供应系统中，锅炉、水加热设备的设计小时供热量应根据日热水用量小时变化曲线、加热方式及锅炉、水加热设备的工作制度经积分曲线计算确定。当无条件时，可按下列原则确定。

(1) 容积式水加热器或贮热容积与其相当的水加热器、燃油（气）热水机组应按下式计算：

$$Q_g = Q_h - \frac{\eta V_r}{T}(t_r - t_l)C\rho_r$$

式中　Q_g——容积式水加热器（含导流型容积式水加热器）的设计小时供热量，kJ/h；

Q_h——设计小时耗热量，kJ/h；

η——有效贮热容积系数；容积式水加热器 $\eta=0.7\sim0.8$，导流型容积式水加热器 $\eta=0.8\sim0.9$；第一循环系统为自然循环时，卧式贮热水罐 $\eta=0.80\sim0.85$；立式贮热水罐 $\eta=0.85\sim0.90$；第一循环系统为机械循环时，卧、立式贮热水罐 $\eta=1.0$；

V_r——总贮热容积，L；

T——设计小时耗热量持续时间，h，$T=2\sim4$；

t_r——热水温度，℃，按设计水加热器出水温度或贮水温度计算；

t_l——冷水温度，℃，按本规范表 5.1.4 采用；

C——水的比热容，$C=4.187$kJ/(kg·℃)；

ρ_r——热水密度，kg/L。

注：当 Q_g 计算值小于平均小时耗热量时，Q_g 应取平均小时耗热量。

上式的意义为：带有相当贮热容积的水加热器供热时，系统的设计小时耗热量由两部分组成：一部分是设计小时耗热量时间段内的供热量 Q_g，另一部分是供给设计小时耗热量前水加热器内已贮存好的热量，即 $1.163\eta V_r(t_r-t_l)\rho_r/T$。

(2) 半容积式水加热器或贮热容积与其相当的水加热器、燃油（气）热水机组的设计小时供热量应按设计小时耗热量计算。

(3) 半即热式、快速式水加热器及其他无贮热容积的水加热设备的设计小时供热量应按设计秒流量所需耗热量计算。

3. 答：若以混合水量为 100%，则所需热水占混合水量的百分数，按下式计算：

$$K_r=\frac{t_h-t_l}{t_r-t_l}\times 100\%$$

式中 K_r——热水混合系数；

t_h——混合水水温，℃；

t_l——冷水水温，℃；

t_r——热水水温，℃。

所需冷水量占混合水量的百分数 K_L，按下式计算：

$$K_L=1-K_r$$

4. 答：(1) 采用开式热水供应系统。

(2) 给水额定流量较大的用水设备的管道，应与淋浴配水管道分开。

(3) 多于 3 个淋浴器的配水管道，宜布置成环形。

(4) 组淋浴器的配水管的沿程水头损失，当淋浴器少于或等于 6 个时，可采用每米不大于 300Pa；当淋浴器多于 6 个时，可采用每米不大于 350Pa。配水管不宜变径，且其最小管径不得小于 25mm。

(5) 工业企业生活间和学校的淋浴室，宜采用单管热水供应系统。单管热水供应系统应采取保证热水水温稳定的技术措施。

5. 答：(1) 经验计算法。在实际工程设计中，按经验计算法计算容积，公式如下。

$$V_e=\frac{TQ_h}{C(t_r-t_l)\rho_r}$$

式中 V_e——贮水器的贮水容积，L；

T——加热时间，按《建筑给水排水设计规范》(GB 50015—2003)(2009 年版) 表 5.4.10 中规定的时间选择 (见表 4-11)，h；

Q_h——热水供应系统设计小时耗热量，kJ/h；

C——水的比热容，$C=4.187$kJ/(kg·℃)；

t_r——热水的温度，℃；

t_l——冷水温度℃，按《建筑给水排水设计规范》(GB 50015—2003)(2009 年版) 表 5.1.4 选用。

ρ_r——热水密度，kg/L。

表 4-11　水加热器的贮热量

加热设备	以蒸汽和 95℃以上的热水为热媒时		以≤95℃的热水为热媒时	
	工业企业淋浴室	其他建筑物	工业企业淋浴室	其他建筑物
容积式水加热器或加热水箱	≥30minQ_h	≥45minQ_h	≥60minQ_h	≥90minQ_h
导流型容积式水加热器	≥20minQ_h	≥30minQ_h	≥30minQ_h	≥40minQ_h
半容积式水加热器	≥15minQ_h	≥15minQ_h	≥15minQ_h	≥20minQ_h

注：1. 燃气、燃油热水机组所配贮水器，贮热量宜根据热媒供应情况按导流型容积式水加热器或半容积式水加热器确定。

2. 半即热式、快速式水加热器，当热媒按设计秒流量供应且有完善可靠的温度自动控制装置时，可不设贮水器；当其不具备上述条件时，应设贮水器。贮热量宜根据热媒供应情况按导流型容积式水加热器或半容积式水加热器确定。

(2) 估算法。在初步设计或方案设计阶段，各种建筑的水加热器或贮热容器的贮水容积 (60℃热水) 可按表 4-12 估算。

表 4-12　题 5 表 (一)

建筑类别	以蒸汽或 95℃以上高温水为热媒时		以≤95℃以上低温水为热媒时	
	导流型容积式水加热器	半容积式水加热器	导流型容积式水加热器	半容积式水加热器
有集中热水供应的住宅/[L/(人·d)]	5～8	3～4	6～10	3～5
设有单独卫生间的集体宿舍、培训中心、旅馆/[L/(床·d)]	5～8	3～4	6～10	3～5

续表

建筑类别	以蒸汽或95℃以上高温水为热媒时		以≤95℃以上低温水为热媒时	
	导流型容积式水加热器	半容积式水加热器	导流型容积式水加热器	半容积式水加热器
宾馆、客房/[L/(床・d)]	9～13	4～6	12～16	6～8
医院住院部/[L/(床・d)]	4～8	2～4	5～10	3～5
设公共盥洗室	8～15	4～8	11～20	6～10
设单独卫生间	0.5～1	0.3～06	0.8～1.5	0.4～0.8
门诊部				
有住宿的幼儿园、托儿所/[L/(人・d)]	2～4	1～2	2～5	1.5～2.5
办公楼/[L/(人・d)]	0.5～1	0.3～0.6	0.8～1.5	0.4～0.5

容积式水加热器和其他水加热器、燃气（油）热水机组的计算总容积按下式计算：

$$V_r = \frac{V_e}{\eta}$$

式中 V_r——计算总容积，L；

η——水加热器的有效容积系数，见表4-13。

表4-13　题5表（二）

项目	容积式水加热器	导流型容积式水加热器	半容积式水加热器
η	0.7～0.8	0.8～0.9	1.0

注：第一循环为自然循环时，卧式贮热水罐 η=0.80～0.85，立式贮热水罐 η=0.85～0.90；第一循环系统为机械循环时，卧、立式贮热水罐 η=1.0。

6. 答：机械循环全日制热水供应系统第二循环管网水力计算的步骤如下。

（1）热水配水管网的水力计算。配水管网水力计算的目的主要是根据各配水管段的设计秒流量和允许流速值来确定配水管网的管径，并计算其水头损失值。

① 热水配水管网的设计秒流量金额按生活给水（冷水系统）设计秒流量公式计算。

② 卫生器具热水给水额定流量、当量、支管管径和最低工作压力同给水规定。

③ 选定热水管道的流速。

④ 热水管网水头损失计算。

热水管网中单位长度水头损失和局部水头损失的计算，与冷水管道的计算方法和计算公式相同，但热水管道的计算内径 d_j 应考虑结垢和腐蚀引起过水断面缩小因素的影响。

热水管道的水力计算，应根据采用的热水材料，选用相应的热水管道水力计算图表或公式进行计算。使用时应注意水力计算图表的使用条件，当工程的使用条件与制表条件不相符时，应根据各自规定作相应修正。

（2）回水管网的水力计算。回水管网水力计算的目的在于确定回水管网的管径。

回水管网不配水，仅通过用以补偿配水管热损失的循环流量。回水管网各管段管径，应按管中循环流量经计算确定。初步设计时可参照经验选用。

为保证各立管的循环效果，尽量减少干管的水头损失，热水配水干管和回水干管均不宜变径，可按其相应的最大管径确定。

（3）机械循环管网的计算。机械循环管网水力计算的目的是在确定了最不利循环管路即计算循环管路和循环管网中配水管、回水管的管径后进行的，其主要目的是选择循环水泵。全日热水供应系统热水管网计算方法和步骤如下。

① 计算各管段终点水温，可按面积比温降方法计算。

② 计算配水管网各管段的热损失。

③ 计算配水管网总的热损失。

④ 计算总循环流量。循环流量是为了补偿配水管网在用水低峰时管道向周围散失的热量。保持循环流量在管网中循环流动，不断向管网补充热量，从而保证各配水点的水温。管网的热损失只计算配水管网散

失的热量。

⑤ 计算循环管路各管段通过的循环流量。

全日热水供应系统的热水循环流量应按下式计算：

$$q_x=\frac{Q_s}{C\rho_r\Delta t}$$

式中 q_x——全日供应热水的循环流量，L/h；

Q_s——配水管道的热损失，kJ/h，经计算确定，可按单体建筑（3%～5%）Q_h，小区（4%～6%）Q_h。

Δt——配水管道的热水温度差，℃，按系统大小确定，可按单体建筑 5～10℃，小区 6～12℃；

C——水的比热容，C=4.187kJ/(kg·℃)；

ρ_r——热水密度，kg/L。

⑥ 复核各管段的终点水温。

⑦ 计算循环管网的总水头损失。

⑧ 选择循环水泵。

7. 答：机械循环定时热水供应系统第二循环管网循环水泵循环流量是按 1h 内循环管网中的水循环次数而定的。一般定时循环热水供应系统的循环泵大都在供应热水前半小时开始运转，直到把水加热至规定温度，循环泵即停止工作。因定时供应热水的情况下，用水较集中，故在供应热水时，不考虑热水循环。循环泵的选择可按每小时将管网中的水循环 2～4 次计算，其上、下限的选择，可依系统的大小和水泵产品情况等确定。

$$Q_b\geqslant(2\sim4)V$$

式中 Q_b——循环水泵的流量，L/h；

V——热水循环管网系统的水容积，不包括无回水管的管段和加热设备的容积，L。

8. 答：(1) 在设有膨胀管的开式热水供应系统中，膨胀管的设置应符合下列要求。

① 当热水系统由生活饮用高位水箱补水时，可将膨胀管引至同一建筑物的非生活饮用水箱的上空，其高度应按下式计算：

$$h=H\left(\frac{\rho_l}{\rho_r}-1\right)$$

式中 h——膨胀管高出生活饮用高位水箱水面的垂直高度，m；

H——锅炉、水加热器底部至生活饮用高位水箱水面的高度，m；

ρ_l——冷水密度，kg/L；

ρ_r——热水密度，kg/L。

膨胀管出口离接入水箱水面的高度不应少于 100mm。膨胀管上严禁装设阀门。

② 当热水供水系统上设置膨胀水箱时，膨胀水箱水面高出系统冷水补给水箱水面的高度应按上式 h 计算，其容积应按下式计算：

$$V_p=0.0006\Delta tV_s$$

式中 V_p——膨胀水箱有效容积，L；

Δt——系统内水的最大温差，℃；

V_s——系统内的水容量，L。

③ 当膨胀管有冻结可能时，应采取保温措施。

④ 膨胀管的最小管径应按表 4-14 确定。

表 4-14　膨胀管的最小管径

锅炉或水加热器的传热面积/m^2	<10	≥10 且<15	≥15 且<20	≥20
膨胀管最小管径/mm	25	32	40	50

注：对多台锅炉或水加热器，宜分设膨胀管。

(2) 在闭式热水供应系统中，应设置压力式膨胀罐、泄压阀，并应符合下列要求。

① 日用热水量小于等于 30m^3 的热水供应系统可采用安全阀等泄压的措施。

② 日用热水量大于 30m³ 的热水供应系统应设置压力式膨胀罐。膨胀罐的总容积应按下式计算：

$$V_e=\frac{(\rho_f-\rho_r)P_2}{(P_2-P_1)\rho_r}V_s$$

式中 V_e——膨胀罐的总容积，m³；

ρ_f——加热前加热、贮热设备内水的密度，kg/m³，定时供应热水的系统宜按冷水温度确定；全日集中热水供应系统宜按热水回水温度确定；

ρ_r——热水的密度，kg/m³；

P_1——膨胀罐处管内水压力（绝对压力），MPa，为管内工作压力加 0.1，MPa；

P_2——膨胀罐处管内最大允许压力（绝对压力），MPa，其数值可取 $1.10P_1$；

V_s——系统内热水总容积，m³。

注：应校核 P_2 值，并不应大于水加热器的额定工作压力。

③ 膨胀罐宜设置在加热设备的热水循环回水管上。

9. 答：高层建筑热水系统的分区，应遵循如下原则。

(1) 应与给水系统的分区一致，各区水加热器、贮水罐的进水均应由同区的给水系统专管供应；当不能满足时，应采取保证系统冷、热水压力平衡的措施。

(2) 当采用减压阀分区时，除应满足下列要求外，还应保证各分区热水的循环。

① 减压阀的公称直径应与管道管径相一致。

② 减压阀前应设阀门和过滤器；需拆卸阀体才能检修的减压阀后，应设管道伸缩器；检修时阀后水会倒流时，阀后应设阀门。

③ 减压阀节点处的前后应装设压力表。

④ 比例式减压阀宜垂直安装，可调式减压阀宜水平安装。

⑤ 设置减压阀的部位，应便于管道过滤器的排污和减压阀的检修，地面宜有排水设施。

图 4-6(a) 为高低两区共用一加热供热系统，分区减压阀设在低区的热水供水立管上，这样高低区热水回水汇合至图中“A”点时，由于低区系统经过了减压其压力将低于高区，即低区管网中的热水就循环不了。解决的办法只能在高区回水干管上也加一个减压阀，减压值与低区供水管上减压阀的减压值相同，然后再把循环泵的扬程加上系统所减掉的压力值。这样做固然可以实现整个系统的循环，但有意加大水泵扬程，会造成耗能不经济，也将造成系统运行不稳定。

图 4-6(b) 为高低区分设水加热器的系统，两区水加热器均由高区冷水高位水箱供水，低区热水供水系统的减压阀设在低区水加热器的冷水供水管上。这种系统布置与减压阀设置形式是比较合适的。

图 4-6(c) 为高低区共用一集中热水供应系统的另一种图式。减压阀均设在分户支管上，不影响立管和干管的循环。这种图式较图 (a)、(b) 的优点是系统不需要另外采取措施就能保证循环系统正常工作。缺点是低区每家每户均需设减压阀，减压阀数量多，要求质量可靠。

10. 答：强制循环太阳能热水系统的循环泵流量扬程计算应符合下列要求。

(1) 循环泵的流量可按下式计算：

$$q_x=q_{gz}A_j$$

式中 q_x——集热系统循环流量，L/s；

q_{gz}——单位采光面积集热器对应的工质流量，L/(s·m²)，按集热器产品实测数据确定。无条件时，可取 (0.015～0.02)；

A_j——集热器面积，m²。

(2) 开式直接加热太阳能集热系统循环泵的扬程应按下式计算：

$$H_x=h_p+h_j+h_z+h_f$$

式中 H_x——循环泵扬程，kPa；

h_p——集热系统循环管道的沿程与局部阻力损失，kPa；

h_j——循环流量流经集热器的阻力损失，kPa；当集热器单位面积流量为 0.02L/(m²·s) 时，单个集热器的阻力一般为 0.5kPa/m² 左右；

h_z——集热器与贮热水箱之间的几何高差，kPa；

h_f——附加压力，kPa，取 20～50kPa。

(3) 闭式间接加热太阳能集热系统循环泵的扬程应按下式计算：

$$H_x = h_p + h_e + h_j + h_f$$

式中　h_e——循环流量经集热水加热器的阻力损失，MPa。

循环泵应选用热水泵，水泵壳体承受的工作压力不得小于其承受的静水压力加水泵扬程。

11. 答：存在问题：高层热水系统分区时，回水方式不合理，也无其他平衡措施，违反了《建筑给水排水设计规范》(GB 50015—2003)(2009 年版) 第 5.2.13 条第 2 款"高层建筑热水系统的分区，应遵循如下原则：当采用减压阀分区时，除满足本规范 3.4.10 条的要求外，尚应保证各分区热水的循环。"的规定。

原因分析：原图中的回水方法会造成中区热水回水不畅，或回不去，使中区出现供水温度偏低以至造成排掉冷水过多，使用不便和不节水。

改进措施：当热水分为两个系统时，见图 4-11(a)；当配水横支管设减压阀时，见图 4-11(b)。

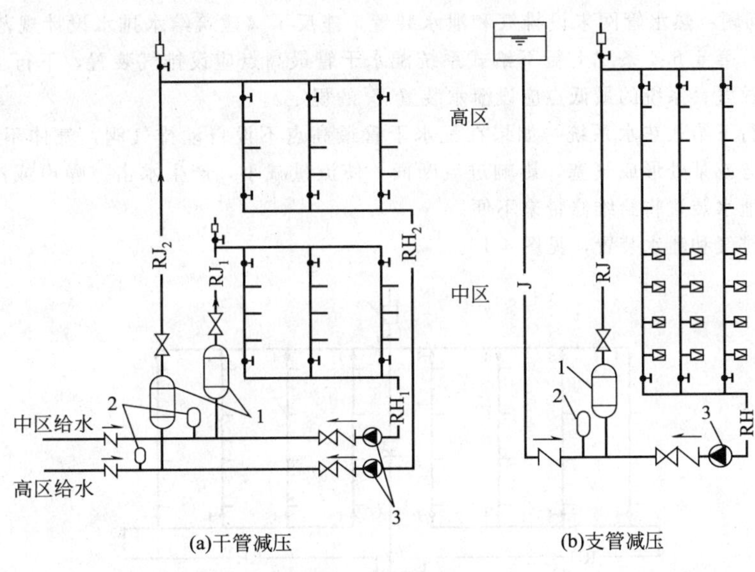

图 4-11　题 11 图

1—水加热器；2—膨胀罐；3—循环泵

12. 答：公共浴室淋浴器（>3 个）配水管为枝状管网或管径太小，违反了《建筑给水排水设计规范》(GB 50015—2003)(2009 年版) 第 5.2.16 条第 3、4 款"公共浴室沐浴器出水水温应稳定，并宜采用下列措施：多于 3 个沐浴器的配水管道，宜布置成环状；成组沐浴器的配水管道的沿程水头损失，当沐浴器少于或等于 6 个时，可采用每米不大于 300Pa。当沐浴器多于 6 个时，可采用每米不大于 350Pa。配水管不宜变径，且其最小管径不得小于 25mm。"的规定。

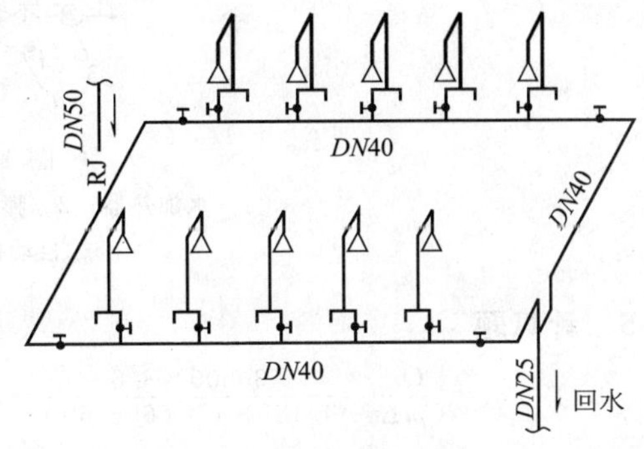

图 4-12　题 12 图

原因分析：公共浴室沐浴器较多时，如采用枝状供水或管径偏小，其他沐浴器开启、关闭会造成供水压力不稳定，出现忽冷忽热的现象；热水配水管不设回水管，每次开始使用时放掉冷水过多，造成浪费水，因此对于长时间开放的公共浴室建议设置回水管。

改进措施：布置成环状，见图 4-12。

13. 答：全日供应热水系统或定时供应热水系统循环泵扬程过大。违反了《建筑给水排水设计规范》(GB 50015—2003)(2009 年版) 第 5.5.10 条第 1、2 款的规定。

第 5.5.10 条：机械循环的热水供应系统，其循环水泵的确定应遵循下列规定。

(1) 水泵的出水量应为循环流量。

(2) 水泵的扬程应按下式计算：

$$H=h_p+h_x$$

式中 H——循环水泵的扬程，m；

h_p——循环水量通过配水管网的水头损失，kPa；

h_x——循环水量通过回水管网的水头损失，kPa。

原因分析：循环泵压力过大，将造成热水供水压力过高且不稳定，同时耗能。按规范第 5.5.10 条水泵扬程应按下式计算：

$$h_b=h_p+h_x=21+158=179\text{mmH}_2\text{O}$$

循环泵扬程 $H\geqslant 179\text{mmH}_2\text{O}$。设计 $H=22$m 错在净配水管高差 20m 计入在内，实际循环泵增压仅增加水在系统循环中由于沿程损失和局部损失而损失掉的这两部分水头之和。

14. 答：存在问题：热水管网未设排气和泄水装置，违反了《建筑给水排水设计规范》（GB 50015—2003）（2009 年版）第 5.6.4 条“上行下给式系统配水干管最高点应设排气装置，下行上给式配水系统，可利用最高配水点放气；系统的最低点应设泄水装置。”的规定。

原因分析：上行下给式热水系统，如果在配水干管最高点不设自动排气阀，气体不能通过排气阀排出，在配水干管拐弯或某处形成气塞，影响过流断面，使流量减小，产生水击、噪声或汽水共振等现象。系统最低点如不设泄水装置将给维修带来不便。

改进措施：设排气和泄水装置，见图 4-13。

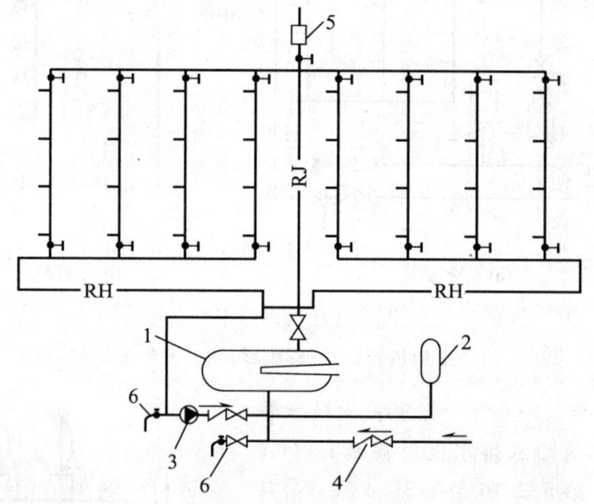

图 4-13 题 14 图

1—水加热器；2—膨胀罐；3—循环泵；4—止回阀；5—自动排气阀；6—泄水阀

4.5 计算题

1. 答：$q_x=\dfrac{Q_s}{C\rho_r\Delta t}=\dfrac{30000\times 3.6}{4.187\times 1\times(65-60)}=5158.8\text{L/h}$

式中 q_x——全日供应热水的循环流量，L/h；

Q_s——配水管道的热损失，kJ/h，不包括回水管道的热损失（1W=3.6kJ/h）；

Δt——配水管道的热水温度差，℃，加热器出口与配水点的温差；

C——水的比热容，4.187kJ/(kg·℃)。

2. 答：已知：$m=200$，$q_r=150$L/(人·d)（60℃），$K_h=6.43$，$t_r=60$℃，$t_l=10$℃，$\rho_r=0.983$kg/L（60℃）；$\rho_r=0.978$kg/L（70℃）。

(1) 设计小时耗热量 Q_h [ρ_r=0.978kg/L (60℃)]

$$Q_h=K_h\frac{mq_rC\times(t_r-t_l)\rho_r}{T}=\frac{6.43\times200\times150\times4.187\times(60-10)\times0.983}{24}=1654045\text{kJ/h}$$

(2) 设计小时热水量 Q_r[ρ_r=0.978kg/L(70℃)]

$$Q_r=\frac{Q_h}{C(t_r-t_l)\rho_r}=\frac{1654045}{4.187\times(70-10)\times0.978}=6732\text{L/h}$$

(3) 热媒耗量 G。采用容积式水加热器，设计小时供热量等于设计小时耗热量。以蒸汽为热媒，蒸汽压力 0.2MPa（表压），查得 γ_h=2167kJ/kg，则

$$G=1.10\frac{Q_h}{\gamma_h}=1.1\times\frac{1654045}{2167}=840\text{kg/h}$$

3. 答：$Q_h=\sum q_h(t_r-t_l)\rho_r n_0 bC$

$=200\times(60-10)\times1\times300\times100\%\times4.187+300\times(60-10)\times1\times50\times100\%\times4.187+30\times(60-10)\times1\times50\times100\%\times4.187$

$=12561000+3140250+31402.5$

$=15732652.5\text{kg/h}$

4. 答：(1) 最大小时热水量

$$Q'_h=K_h\frac{mq_r}{T}=4.19\times\frac{900\times150}{24}=23569\text{L/h}=23.57\text{m}^3\text{/h}$$

(2) 设计小时耗热量

$$Q_h=K_h\frac{mq_rC\times(t_r-t_l)\rho_r}{T}=4.19\times\frac{900\times150\times4.187\times(60-10)\times0.983}{24}=4850236.8\text{kJ/h}$$

(3) 高温热水耗量

$$G=1.10\times\frac{Q_h}{C(t_{mc}-t_{mz})}=1.10\times\frac{4850236.8}{4.187\times(115-70)}=28316.5\text{kg/h}$$

(4) 最大小时热水量

$$G=1.10\frac{Q_g}{i_m-i_r}=1.10\times\frac{4850236.8}{2108.4}=2530.5\text{kg/h}$$

5. 答：$Q_h=\sum q_h(t_r-t_l)\rho_r n_0 bC$

$=300\times(40-10)\times0.992\times300\times100\%\times4.187=11214460.8\text{kJ/h}$

$$\frac{\eta V_r}{T}(t_r-t_l)C\rho_r=\frac{0.9\times50000}{3}(60-10)\times4.187\times0.992=3115128\text{kg/h}$$

$$Q_g=Q_h-\frac{\eta V_r}{T}(t_r-t_l)C\rho_r=11214460.8-3115128=8099332.8\text{kg/h}$$

$$i=4.187t_{mz}=4.187\times80=334.96\text{kJ/kg}$$

$$G=K\frac{Q_h}{i''-i'}=1.10\times\frac{8099332.8}{2749-334.96}=3690.6\text{kg/h}$$

6. 答：(1) 计算

$$Q_h=K_h\frac{mq_rC(t_r-t_l)\rho_r}{T}=2.06\times\frac{800\times160\times4.187\times(60-10)\times0.983}{24}=2260957.7\text{kJ/h}$$

(2) 按《建筑给水排水设计规范》(GB 50015—2003)(2009 年版) 表 5.4.10，半容积式水加热器贮热量 15minQ_h，则

$$V_e\geqslant\frac{TQ_h}{(t_r-t_l)C\rho_r}=\frac{15/60\times2260957.669}{(65-10)\times4.187\times0.983}=2496.97\text{L}$$

$$V_e=V_r/\eta, V_r\geqslant V_e/\eta=2496.97/0.95=2628\text{L}$$

《建筑给水排水设计规范》(GB 50015—2003)(2009 年版) 规定，医院热水供应系统的锅炉或水加热器不得少于两台，所以单台水加热器的总容积为 2628/2=1314L。

(3) 根据该规范第 5.3.3-2 条"半容积式水加热器或贮热容积与其相当的水加热器、燃油（气）热水

机组的设计小时供热量应按设计小时耗热量计算”规定，$Q_g=Q_h=2260957.669\text{kJ/h}$。

(4) 热媒耗量计算

$$G=K\frac{Q_g}{i''-i'}=1.10\times\frac{8099332.8}{2749-334.96}=3690.6\text{kg/h}$$

7. 答：(1) 半即热式、快速式水加热器及其他无贮热容积的水加热设备的设计小时供热量应按设计秒流量所需耗热量计算。

查《建筑给水排水设计规范》(GB 50015—2003)(2009 年版) 表 3.1.14，单独计算热水时当量值：洗脸盆 0.5，浴盆 1.0，洗涤盆 0.7，淋浴器 0.5。

$$N_g=0.5\times450+1\times300+0.7\times30+0.5\times20=556$$

热水设计秒流量：$q_g=0.2\alpha\sqrt{N_g}=0.2\times2\times\sqrt{556}=11.79\text{L/s}$。

(2) 快速式水加热器、半即热式水加热器，热媒与被加热水的计算温度差应按平均对数温差计算。

$$\Delta t_j=\frac{\Delta t_{max}-\Delta t_{min}}{\ln\frac{\Delta t_{max}}{\Delta t_{min}}}$$

$$\Delta t_{max}=60-10=50℃,\Delta t_{min}=90-55=35℃$$

$$\Delta t_j=\frac{\Delta t_{max}-\Delta t_{min}}{\ln\frac{\Delta t_{max}}{\Delta t_{min}}}=\frac{50-35}{\ln\frac{50}{35}}=42.06℃$$

(3) 设计秒流量所需耗热量计算 Q_{sh}。

$Q_g=Q_{sh}=3600q_g(t_r-t_l)C\rho_r=3600\times11.79\times0.983\times4.187\times(60-10)=8734595.33\text{kJ/h}$

(4) 根据《建筑给水排水设计规范》(GB 50015—2003)(2009 年版) 式 5.4.6，已知：$K=1800\text{W/(m}^2\cdot℃)$ (注意 1W=3.6kJ/h)，有

$$F_{jr}=\frac{C_rQ_g}{\varepsilon K\Delta t_j}=\frac{1.1\times8734595.33}{0.8\times1800\times3.6\times42.06}=44.1\text{m}^2$$

8. 答：$V_e=\frac{(\rho_f-\rho_r)P_2}{(P_2-P_1)\rho_r}V_s=\frac{(1.00-0.98)\times1.10P_1}{(1.10P_1-P_1)\times0.98}\times(5.5\times2+4000\times10^{-3})=3.37\text{m}^3$

9. 答：Q_s 为配水管道的热损失；Δt 为配水管道的热水温度差，单体为 5～10℃。

$$q_x=\frac{Q_s}{C\rho_r\Delta t}=\frac{760+180+160+600+580+560}{4.187\times0.9832\times10}=69.0\text{L/h}$$

10. 答：(1) 热媒与被加热水计算温度差 Δt_j。当饱和温度为 0.2MPa 表压时，其饱和温度为 133.5℃；

$$\Delta t_j=\frac{t_{mc}+t_{mz}}{2}-\frac{t_c+t_z}{2}=\frac{133.5+133.5}{2}-\frac{10+60}{2}=98.5℃$$

(2) 确定传热系数 K。钢盘管的 $K=698\sim756\text{W/(m}^2\cdot℃)$，取 $K=698\text{W/(m}^2\cdot℃)$。

(3) 计算加热面积 F。

$$F_{jr}=\frac{C_rQ_g}{\varepsilon K\Delta t_j}=\frac{1.2\times850000}{0.7\times698\times98.5}=21.2\text{m}^2$$

(4) 贮水容积计算。按《建筑给水排水设计规范》(GB 50015—2003)(2009 年版) 表 5.4.10，按照 45min 计算

$$V_e=\frac{TQ_h}{C(t_r-t_l)\rho_r}=\frac{45/60\times850000\times3.6}{4.187\times(60-10)\times1}=10962.5\text{L}\approx11\text{m}^3$$

容积式水加热器计算总容积。(容积式水加热器的有效容积系数取 $\eta=0.8$)

$$V_r=\frac{V_e}{\eta}=\frac{11}{0.8}=13.8\text{m}^3$$

(5) 选择换热器。计算加热面积 21.2m^2，总容积 $V=13.8\text{m}^3$，查 02SS122-9 图集选 2 台 SSS-8.0-10.6 型两台，对应蒸汽压力 0.2MPa，出水温度 60℃，贮水容积 8.0m^3，传热面积 10.6m^2。

实际换热面积 $F=10.6\times2=21.2\text{m}^2$；实际贮水容积 $8\times2=16\text{m}^3$。

5 建筑饮水供应系统

5.1 填空题

1. 饮用水供应系统主要有__________和__________供应系统两类。

2. 我国办公楼、旅馆、医院、大学生宿舍、军营大多数采用__________供应系统。

3. 大型娱乐场所等公共建筑、工况企业生产车间等多采用__________供应系统。

4. 集中制作开水有__________和__________两种方式，一般采用__________方式，不宜采用__________方式。

5. 每个集中开水间的服务半径不宜大于__________m。

6. 每层设间接加热开水器的饮水供应系统，其服务半径不宜大于__________m。

7. 对于标准要求较高的建筑物如宾馆等，为保证各开水供应点的水温，系统采用机械循环方式，该系统要求水加热器出水水温不小于__________℃，回水温度为__________℃。

8. 开水管道应一般可采用__________、__________、__________等。

9. 为实现节能节水、安全供水，开水供应系统中应装设______、________、______、______、________等附件。

10. 在冬季，冷饮水温度一般取____～____℃，水力计算时冬季冷饮水的温度一般取____℃。

11. 开水供应系统和冷饮水系统中管道的流速一般不大于______m/s，循环管道的流速可大于________m/s。

12. 计算管网时采用______℃水力计算表。

13. 饮用净水主要分为______、______、______三大类，饮用矿泉水可以分为______和______。管道直饮水系统深度净水设备一般包括______、______和______三大部分。

14. 生活给水包括________和________两部分，一般来说与饮水和烹调有关的用水量只占日常生活用水量的______%～______%。

15. 分质供水以后，将会形成3个供水系统：______、______、______。

16. 纯净水中的总溶解性固体（TDS）含量、硬度、pH值均______自来水，长期饮用此水无益于人体健康。

17. 离子水可分为______和______，______亦称饮用离子水。

18. 盐类矿泉水是可溶性固体大于______mg/L的天然矿泉水。

19. 《饮用净水水质标准》(CJ 94—2005)中规定浑浊度不得超过______NTU。

20. 目前所广泛采用的饮用水深度处理主处理技术包括：______、______、______。

21. 目前常用的膜分离技术主要包括______、______、______和______。

22. 膜处理技术中，______和______是低压驱动膜。

23. 纳滤膜的使用周期一般为______年。

24. 饮用净水的后处理工艺有：______、______。

25. 我国饮用净水消毒的方法主要有______、______、______。

26. 经过纳滤和反渗透处理后的水矿物盐大大降低，可以对水进行矿化，使过滤出的水含有一定的矿物盐，矿化时常用的粒状介质有：______、______、______。

27. 管道饮用净水系统一般由______、______、______、______、______等组成。

28. 常见的供水方式有______、______、______。

29. 饮用净水系统的分区压力可比自来水系统的取值小些，住宅中分区压力≤______MPa，办公楼中分区压力≤______MPa。

30. 为保证管道饮用净水系统的正常工作，并有效避免水质二次污染，饮用净水必须设______管道。

31. 为保证饮用净水的使用可靠性，应以______为各管段管道的设计流量。

32. 饮用净水管道的干管（$DN \geqslant 32$mm）设计流速宜大于____m/s，支管设计流速宜大于____m/s。

33. 饮用净水管网系统必须设置______，并应保证干管和______中饮用水的有效循环。循环回水须经过______处理方可再进入饮用净水管道。

34. 饮用净水管道的设计流量应为净水______与______之和。

35. 饮用净水管网系统分______和______。

5.2 单项选择题

1. 高层建筑饮用净水系统应竖向分区，各分区最低处配水点的静水压不得大于（　　）

A. 0.20MPa　　B. 0.30MPa　　C. 0.40MPa　　D. 0.45MPa

2. 饮用净水宜采用（　　）的供水方式。

A. 水泵水箱联合供水　　B. 调速泵组直接供水

C. 气压给水设备供水　　D. 单设水箱供水

3. 饮用净水水嘴额定流量为______L/s，其最低工作压力为______MPa。（　　）

A. 0.03　0.05　　B. 0.04　0.05　　C. 0.03　0.03　　D. 0.04　0.03

4. 饮用净水系统中，下列叙述错误的是：（　　）。

A. 饮用净水供水方式采用变频调速泵供水比较适宜

B. 饮用净水供水方式应设置循环管道，而且要求循环管网内水的停留时间不应超过 6h

C. 高层建筑饮用净水系统应竖向分区，各分区最低处配水点的静水压不得大于 0.3MPa 且不得大于 0.45MPa

D. 饮用净水管网系统直接与中水管网相连

5. 饮用净水供水方式应设置循环管道，循环管网内水的停留时间不宜超过（　　）。

A. 6h　　B. 8h　　C. 10h　　D. 12h

6. 饮用净水系统的分区压力，住宅中分区压力应不大于（　　）。

A. 0.25MPa　　B. 0.30MPa　　C. 0.32MPa　　D. 0.40MPa

7. 饮用净水系统的分区压力，办公楼中分区压力应不大于（　　）。

A. 0.25MPa　　B. 0.30MPa　　C. 0.32MPa　　D. 0.40MPa

8. 饮用净水管道中，在公称直径为15～20mm时，流速应不大于（　　）。

A. 0.8m　　B. 1.0m　　C. 1.2m　　D. 1.5m

9. 下列关于管道直饮水系统设计流量计算的叙述中，哪项是正确的？（　　）

A. 管道直饮水系统的设计秒流量和建筑物性质无关

B. 管道直饮水系统的设计秒流量和饮水定额无关

C. 管道直饮水系统的设计秒流量和饮水人数无关

D. 管道直饮水系统的设计秒流量和饮水系统供水方式无关

10. 饮用净水管道中，在公称直径≥50mm时，流速应不大于（　　）。

A. 0.8m　　B. 1.0m　　C. 1.2m　　D. 1.5m

11. 生活饮用水管道的配水件出水口高出承接用水容器溢流边缘的最小空气间隙，不得小于出水口直径的多少倍？（　　）

A. 1.0倍　　B. 1.5倍　　C. 2.0倍　　D. 2.5倍

12. 某学校教学楼有学生500人，饮水定额为2L/(人·d)，设两个电开水炉，每个供250人饮水，开水炉每天工作8h，则每个开水炉的产水量为（　　）。

A. 62.5L　　B. 125L　　C. 93.8L　　D. 41.3L

13. 下面有关饮用净水系统的叙述错误的是（　　）。

A. 饮用净水宜以城市市政给水管网供水为原水经过深度处理方法制备而成

B. 饮用净水应设循环管道，循环管网内水的停留时间不宜超过6h

C. 饮用净水宜采用调速泵组直接供水的方式

D. 饮用净水水嘴额定流量宜为0.2L/s

14. 中、小学校，体育场（馆），火车站等人员集中，流动性较大的公共建筑的饮水供应设计中，（　　）方式是不可行的。

A. 设分散式电开水器

B. 设置饮用净水循环供应管道系统

C. 集中制备开水，设循环管道供应管道系统

D. 集中制备开水或饮用净水，由饮用人到制备点取用

15. 饮用水制备和供应点的要求，（　　）与规范要求不相一致。

A. 饮水点应在方便取用、检修和清扫，且通风和照明良好的房间内，并不受有害气体、粉尘的污染

B. 饮用净化制备应为独立的房间，房间除无污染、无噪声和通风、照明良好外，其墙面、地面、吊顶（或顶板）应防水、防腐、防毒，并方便清洗、消毒和排水

C. 制备饮水的设备、输送饮水的管道等材质，均应符合仪器级卫生要求，并具有足够的强度

D. 饮用水处理间应设排污排水用地漏

16. 开水管道应选用工作温度大于（　　）管材。

A. 100°C的镀锌钢管　　B. 100°C的铜管

C. 90°C的聚丁烯PB管　　D. 60°C的聚丙烯PP-R管

17. 下述体育馆供饮用净水饮水器的循环管道系统中，对循环回水处理的论述哪一项符合要求？（　　）

A. 循环回水宜消毒处理　　B. 循环回水应经消毒处理

C. 循环回水应经过滤、消毒处理　　D. 循环回水无需处理

18. 饮用水供应一般指（　　）。

A. 开水供应和饮用净水供应　　B. 给水供应

C. 纯净水供应　　D. 冷水供应

19. 一般优先采用（　　）开水器。

A. 燃气　　B. 电　　C. 蒸汽　　D. 燃油

20. 管道直饮水的原水应采用（　　）水源。

A. 自备井

B. 天然

C. 市政给水或其他卫生要求与市政给水相当

D. 中水水源

21.《建筑给水排水设计规范》(GB 50015—2003)(2009 年版)对居住小区、住宅、别墅等建筑设有饮用净水供应系统时，给出饮水定额为（　　）。

A. 1～2L/(人·d)　B. 3～4L/(人·d)　C. 4～7L/(人·d)　D. 7～10L/(人·d)

22. 直饮水管道不应采用的管材为（　　）。

A. 薄壁不锈钢管　　B. 薄壁铜管

C. 优质塑料管和铝塑管　　D. 镀锌钢管

23. 某办公楼全日循环管道直饮水系统的最高日直饮水量为 2500L，小时变化系数为 6，水嘴额定流量 0.04L/s，共 12 个水嘴，采用变频调速泵供水，该系统的设计流量应为（　　）。

A. 0.48L/s　　B. 0.24L/s　　C. 0.17L/s　　D. 0.20L/s

24. 各用户从立管上接至配水龙头的支管应尽量缩短，一般不宜超过（　　）。

A. 0.6m　　B. 0.8m　　C. 1.0m　　D. 1.2m

25. 饮用净水系统配水管的设计秒流量公式为（　　）。

A. $q_g=0.2UN_g$　　B. $q_g=0.2d\sqrt{N_g}$　　C. $q_g=q_0 m$　　D. $q_g=\sum q_0 Nb$

26. 集中开水计算温度按（　　）计算。

A. 105℃　　B. 100℃　　C. 99℃　　D. 90℃

27. 管道输送全循环开水供水系统计算温度按（　　）计算。

A. 105℃　　B. 100℃　　C. 99℃　　D. 90℃

28. 冬季需把冷饮水加热到（　　）。

A. 20～25℃　　B. 25～30℃　　C. 35～40℃　　D. 40～45℃

29. 一般来说，与饮水和烹调有关的用水量只占日常生活用水量的（　　）。

A. 2%～5%　　B. 3%～6%　　C. 5%～7%　　D. 4%～6%

30. 膜分离法中按膜的孔径由大到小排列的顺序是（　　）。

A. 超滤、微滤、纳滤、反渗透　　B. 微滤、超滤、纳滤、反渗透

C. 微滤、纳滤、超滤、反渗透　　D. 微滤、反渗透、超滤、纳滤

5.3　多项选择题

1. 饮用净水消毒一般采用的方式有：（　　）。

A. O_3 消毒　　B. ClO_2 消毒　　C. 紫外线消毒　　D. 液氯消毒

2. 下列用水中，需进行过滤和消毒处理的是：（　）。

A. 生活热水循环水　B. 以市政给水为原水的洗涤水等生活用水

C. 游泳池循环水　D. 以温水或自来水为原水的饮用净水

3. 饮用净水的管道可采用的管材有：（　）。

A. 薄壁不锈钢管　B. 薄壁铜管　C. UPVC 管　D. 镀锌钢管

4. 中小学校、体育场馆等公共建筑设饮水器时，应符合的要求是：（　）。

A. 应设循环管道，循环回水应经过消毒处理

B. 以温水或自来水为原水的饮用净水，应进行过滤和消毒处理

C. 饮水器的喷嘴应倾斜并设有防护装置，且喷嘴的高度应保证排水管堵塞时不被淹没

D. 饮水器应采用不锈钢、钢镀铬或瓷质、搪瓷制品，其表面应光洁易于清洗

5. 下列关于饮水机房给排水管设计的四组答案中，哪几组是正确的？（　）

A. 给水管径可按设计小时饮水量计算，排水管应采用排水铸铁管

B. 给水管径可按设计小时饮水量计算，排水管应采用耐热塑料排水管

C. 给水管径宜按引水管设计秒流量计算，排水管应采用给水铸铁管

D. 给水管径宜按引水管设计秒流量计算，排水管应采用 ABS 塑料管

6. 下列关于饮水机房给水排水设计的四组答案中，哪几组是正确的？（　）

A. 给水管管径可按设计小时饮水量计算，排水管应采用排水铸铁管

B. 给水管管径可按设计小时饮水量计算，排水管应采用给水耐热塑料排水管

C. 给水管管径宜按饮水管设计秒流量计算，排水管应采用给水铸铁管

D. 给水管管径宜按引水管设计秒流量计算，排水管应采用 ABS 塑料管

7. 下列关于开水和热水管材的选用要求中，哪些是正确的？（　）

A. 开水管道应选择许用工作温度大于 100℃的塑料管材

B. 定时供应热水系统不宜选用塑料热水管

C. 热水供应系统中设备和机房内的管道不应采用塑料热水管

D. 热水管道可采用薄壁钢管、薄壁不锈钢管、塑料与金属的复合热水管

8. 下列哪些论述符合饮用净水的设计要求？（　）

A. 饮用净水水嘴用软管连接且水嘴不固定时，应设置防回流阀

B. 饮用净水水嘴在满足使用要求的前提下，应选用额定流量小的专用水嘴

C. 计算饮用净水贮水池（箱）容积时，调节水量、调节系数取值均应偏大些，以保证供水安全

D. 循环回水须经过消毒处理回流至净水箱

9. 下列关于饮用净水的设计要求中，哪几项是正确的？（　）

A. 优先选用无高位水箱的供水系统

B. 高层建筑饮用供水系统采用减压阀分区时，阀前应设置截污器

C. 从配水管接至配水龙头的管道长度不宜超过 4m

D. 管网最高处设置带有滤菌、防尘装置的排气阀

10. 下列哪几种深度处理工艺能够有效去除水中的臭味和色度？（　）

A. 过滤　B. 臭氧氧化　C. 生物处理　D. 活性炭吸附

11. 以下热水及直饮水供应系统管材选用的叙述中，哪几项是正确的？（　）

A. 开水管道应选择许用工作温度大于 100℃的金属管材

B. 管道直饮水系统当选用铜管时，应限制管内流速在允许范围内

C. 热水供应设备机房内的管道不应采用塑料热水管

D. 管道直饮水系统应优先选用优质给水塑料管

12. 下列关于管道直饮水处理的说法中，哪几项是正确的？（　　）

A. 用于管道直饮水消毒的方法有臭氧、紫外线、氯消毒等

B. 采用氯消毒时，产品水中氯残留浓度不应大于 0.01mg/L

C. 膜技术是用于深度净化直饮水的一种主要方法

D. 常用的管道直饮水处理工艺流程是：预处理→膜处理→后处理

13. 下列关于饮水制备方法和水质要求的叙述中，哪几项是正确的？（　　）

A. 饮用温水是把自来水加热至接近人体温度的饮水

B. 管道直饮水应符合《饮用净水水质标准》

C. 冷饮水应符合《生活饮用水水质标准》

D. 集中制备并用管道输送的开水系统，要求用水加热器加热且其出水温度不小于 105℃

14. 下述建筑供水的供水用途中，哪几项是正确的？（　　）

A. 生活给水的饮用水部分供饮水、烹调所用

B. 杂用水系统供人们冲洗便器和灌溉花草

C. 日常生活用水供人们直接饮用、清洗地面、洗涤

D. 自来水经过深度净化处理达到饮用净水标准后，供人们直接饮用

15. 下列哪几项措施有助于管道直饮水系统的水质防护？（　　）

A. 系统采用变频泵直接供水

B. 采用额定流量较小的专用水嘴

C. 高层建筑采用竖向分区供水

D. 使立管接至配水龙头支管的长度小于 3m

16. 下述热水供应系统和直饮水系统管材的选择中，哪几项符合要求？（　　）

A. 管道直饮水系统应优先选用薄壁不锈钢管

B. 热水供应系统应优先选用薄壁不锈钢管

C. 定时供应热水系统应优先选用塑料热水管

D. 开水管道应选用许可工作温度大于 100℃的金属管

17. 在饮用净水系统中，下列哪几项措施可起到水质防护作用？（　　）

A. 各配水点均采用额定流量为 0.04L/s 的专用水嘴

B. 采用变频给水机组直接供水

C. 饮水系统设置循环管道

D. 控制饮水在管道内的停留时间不超过 5h

5.4　问答题

1. 分质供水采用自来水为水源时其主要处理工艺流程是什么？

2. 冷饮水有哪些类型？其中纯净水如何制取？试绘出处理工艺流程。

3. 饮用水供应系统有哪两类？应该如何确定采用哪种系统？

4. 集中制作开水有哪两种加热方式？

5. 直接蒸汽加热有什么特点？适用于什么场合？

6. 间接蒸汽加热有什么特点？适用于什么场合？

7. 开水管道应选用耐腐蚀、安装连接方便可靠、符合饮用水卫生要求的管材及相应的配件。常用的管材有哪些？

8. 为实现节能节水、安全供水，开水供应系统中应装设哪些附件？

9. 对冷饮水的供应水温有什么要求？

10. 冷饮水的制作方式主要有哪三种？

11. 什么叫分质供水？

12. 什么是饮用净水？

13. 设置循环水泵的饮用净水系统中的循环泵的扬程怎么确定？为什么？

14. 目前所广泛采用的饮用水深度处理主处理技术有哪些？

15. 简述目前常用的膜分离技术主要有哪些？工作原理是什么？

16. 我国饮用净水消毒的方法主要有哪些？

17. 为什么以及如何对纯净水进行矿化？

18. 人工矿泉水的生产工艺的一般处理流程是什么？

19. 管道饮用净水的水质应符合哪些规范要求？

20. 饮用水消毒工艺应考虑哪些因素？

21. 管道饮用净水系统一般由哪些系统组成？

22. 常见的饮用净水供水方式有哪些？

23. 饮用净水管道系统的设置一般有哪些要求？

24. 在选用饮用净水（直饮水）给水管的管材时，应考虑哪些方面？

25. 饮用净水系统预防二次污染的措施有哪些？

5.5　计算题

1. 某学校 5 层教学楼有学生 800 人，每人每日的饮水定额为 2L，从 7：30～22：30 共 15 个小时供应开水，自来水给水温度为 10℃，采用分层供应开水，试计算每天的设计开水用量，耗热量，耗电量和最大时开水量，耗电量。

2. 某办公楼全日循环管道直饮水系统的最高日直饮水量为 2500L，小时变化系数为 6，水嘴额定流量为 0.04L/s，共 12 个水嘴，采用变频调速泵供水，该系统的设计流量为多少？

5.6　参考答案

5.1　填空题

1. 开水供应系统冷饮水

2. 开水

3. 冷饮水

4. 直接加热　间接加热　直接加热　间接加热

5. 250

6. 70

7. 105　100

8. 薄壁铜管　薄壁不锈钢管　铝塑复合管　交联聚乙烯（PE-X）管　三型无规共聚聚丙烯管（PP-R）　热镀锌钢管（任选三个）

9. 自动温度调节装置　疏水器　减压阀　自动排气阀　膨胀管　膨胀水罐　自然补偿管道和伸缩器（任选四个）

10. 35　45　40

11. 1.0　2

12. 95

13. 纯净水　矿泉水　深度处理的优质水　天然矿泉水　人工矿泉水　前期预处理设备　主要处理设备　后期消毒设备

14. 一般日常生活用水　饮用水　2　5

15. 生活给水系统　饮用净水（优质水）系统　中水供水系统

16. 低于

17. 正离子水　负离子水　负离子水

18. 1000

19. 0.5

20. 臭氧-活性炭技术　膜分离技术　生物活性炭技术　吹脱技术（任选三个）

21. 微滤（MF）　超滤（UF）　纳滤（NF）　反渗透（RO）

22. 微滤膜　超滤膜

23. 2～3

24. 消毒　矿化

25. 二氧化氯消毒　紫外线消毒　臭氧消毒　氯胺消毒（任选三个）

26. 石灰石　木鱼石　麦饭石

27. 供水水泵　循环水泵　供水管网　回水管网　消毒设备

28. 水泵和高位水罐（箱）供水方式　变频调速泵供水方式　屋顶水池重力供水方式

29. 0.32　0.40

30. 循环

31. 最不利时的最大用水量

32. 1.0　0.6

33. 循环管道　立管　净化与消毒

34. 设计秒流量　循环水量

35. 供水管网　循环管网

5.2 单项选择题

1. D	2. B	3. D	4. D	5. A	6. C	7. D	8. A	9. D	10. C
11. D	12. B	13. D	14. D	15. C	16. B	17. B	18. A	19. B	20. C
21. C	22. DC	23. C	24. C	25. C	26. B	27. A	28. C	29. A	30. B

5.3 多项选择题

1. ABC	2. CD	3. AB	4. ABCD	5. AB	6. AB	7. BCD
8. ABD	9. AD	10. BD	11. ABC	12. ACD	13. BD	14. ABD
15. AD	16. ABD	17. BCD				

5.4 问答题

1. 答：当城市自来水的水质较好（合格率较高）时，可采用如下工艺：

(1) 自来水→砂滤→UF（MF）→消毒→出水；

(2) 自来水→精密过滤→UF→消毒→出水。

当城市自来水的水质较好（合格率较高）时，但受到轻度有机污染，可采用如下工艺：

(1) 自来水→砂滤→活性炭过滤→消毒→出水；

(2) 自来水→活性炭过滤→MF（UF）→消毒→出水。

2. 答：冷饮水有纯净水、矿泉水和深度处理的优质水。

纯净水是以自来水为原料，通过蒸馏、膜过滤或反渗透等技术进一步净化得到的。

工艺流程：

水源水→粗滤→精滤→去离子净化（离子交换、反渗透、蒸馏）→杀菌→灌装。

3. 答：饮用水供应主要有开水供应系统和冷饮水供应系统两类，应根据当地的生活习惯和建筑物的使用性质确定采用何种供应系统。

4. 答：集中制作开水有直接加热和间接加热两种方式。

5. 答：直接蒸汽加热过程中不但有传热的过程，也有传质的过，程热效率高，几乎为100%，在加热的过程中蒸汽中的水分与加热物质混在一起，无法分离，适用于蒸汽中的水分与被加热物混合后不影响使用的情况。

6. 答：间接蒸汽加热通过壁壳、盘管等设备，把蒸汽的热量传递给需要加热的物质。蒸汽自身冷凝成水，没有传质的过程，用于不允许蒸汽与被加热物混在一起的场合。

7. 答：一般可采用薄壁铜管、薄壁不锈钢管、铝塑复合管、交联聚乙烯（PE-X）管、三型无规共聚聚丙烯管（PP-R）、热镀锌钢管等。

8. 答：自动温度调节装置、疏水器、减压阀、自动排气阀、膨胀管、膨胀水罐、自然补偿管道和伸缩器等附件。

9. 答：冷饮水的供应水温可根据建筑物的性质按需要确定。一般在夏季不启用加热设备，冷饮水温度与自来水温度相同即可。在冬季，冷饮水温度一般取35～45℃，要求与人体温度接近，饮用后无不适感觉。

10. 答：(1) 自来水烧开后再冷却至饮水温度；

(2) 自来水经净化处理后再经水加热器加热至饮水温度；

(3) 自来水经净化后直接供给用户或饮水点。

11. 答：分质供水是指以自来水为原水，把自来水中生活用水和直接饮用水分开，另设管网，直通住户，实现饮用水和生活用水分质、分流，达到直饮的目的，并满足优质优用、低质低用的要求。

12. 答：饮用净水是指自来水或符合生活饮用水质指标的水经深度净化后可以直接饮用的水。

13. 答：设置循环水泵的系统中，循环水泵的扬程 h_B 由两部分组成：供水管网部分（包括水泵输水管）发生的水头损失 h_p 和循环管网部分发生的水头损失 h_x，即：$h_B=h_p+h_x$。式中 h_p 值的大小与循环泵的设计运行方式密切相关。若循环泵仅在无用水时运行，则 h_p 比 h_x 小得多，可以忽略不计；若循环泵连续运行，包括高峰用水时也运行，则 h_p 又比 h_x 大。实际上，循环泵的运行应该以管网中的水能够维持更新为宗旨进行设定。当管网用水量超过了 q_x 时，管网水能够自我维持更新，可不必循环，循环泵应停止运行；当管网用水量小于 q_x 时，管网水就不能够自我维持更新，循环系统应运行。为避免循环泵频繁启停，可允许用水量围绕 q_x 值有一波动范围，比如±20%，即管网用水量达到 $1.2q_x$ 时停泵，小于 $0.8q_x$ 时启泵。在这样的运行方式下，循环泵运行时配水管网中的流速比回水管中的流速小得多，从而 h_p 比 h_x 小得多，以至可忽略不计，即 $h_B \approx h_x$

14. 答：臭氧-活性炭技术、膜分离技术、生物活性炭技术、吹脱技术。

15. 答：微滤（MF）、超滤（UF）、纳滤（NF）、反渗透（RO）。

(1) 微滤（MF）：微滤膜是由天然或高分子合成材料制成的孔径均匀整齐的类似筛网状结构的物质。微滤是以静压力为推动力，利用筛网状过滤介质膜的“筛分”作用进行膜分离的过程。

(2) 超滤（UF）：其滤膜的孔径为5nm～0.1μm，操作压力为0.1～1.0MPa，可以去除相对分子质量300～3×10^5 的超微悬浮物、乳液、溶胶、高分子有机物、动物胶、果胶、细菌、病毒、贾第虫和其他微生物等杂质，出水浊度低，一般正常情况下超滤膜可使用2～3年。

(3) 纳滤膜的孔径在纳米范围，在波谱上它位于超滤和反渗透之间，可在较低的压力（0.5～1.0MPa）下实现较高的水通量。

(4) 反渗透过程是渗透过程的逆过程，即在浓溶液的一边加上比自然渗透压更高的压力，扭转自然渗透方向，把浓溶液中的溶剂（水）压到半透膜的另一边。

16. 答：二氧化氯消毒、紫外线消毒、臭氧消毒、氯胺消毒。

17. 答：由于经纳滤和反渗透处理后，水中的矿物盐大大降低，长期饮用无益于人体健康，为使洁净水中含有适量的矿物盐，可以对水进行矿化，将膜处理后的水再进入装填含有矿物质的粒状介质（如石灰石、木鱼石、麦饭石等）的过滤器处理，使过滤出的水含有一定的矿物盐。

18. 答：地下矿泉水→开采→精滤或微滤→消毒杀菌→混装。

19. 答：直饮水应在符合国家《生活饮用水卫生标准》（GB 5749—2006）的基础上进行深度处理，系统中水龙头出水的水质指标不应低于建设部颁发的中华人民共和国城镇建设行业标准《饮用净水水质标准》(CJ 94—2005)。

20. 答：杀菌效果与持续能力，残余药剂的可变毒理，饮用净水的口感以及运行管理费用等。

21. 答：供水水泵、循环水泵、供水管网、回水管网、消毒设备。

22. 答：水泵和高位水罐（箱）供水方式、变频调速泵供水方式、屋顶水池重力流供水方式。

23. 答：(1) 系统应设计成环状，循环管路应为同程式，进行循环消毒以保证足够的水量、水压和合格的水质。

(2) 设计循环系统在运行时不得影响配水系统的正常工作压力和饮水龙头的出流率。

(3) 配水立管接至配水龙头的支管管段长度应小于 1m，且应设防回流阀。

(4) 饮用净水在供配水系统中各个部分的停留时间不应超过 4～6h，供配水管路中不应产生滞水现象。

(5) 饮用净水管网系统应独立设置，不得与非饮用净水管网相连。

(6) 各处的饮用净水龙头的自由水头应尽量相近，且不宜小于 0.03MPa。

(7) 一般应优先选用无高位水箱的供水系统，宜采用变频调速水泵供水系统。

(8) 配水管网循环立管上、下端头部位设球阀；管网中应设置检修门；在管网最远端设排水阀门；管道最高处设置排气阀。排气阀处应有滤菌、防尘装置，排气阀处不得有死水存留现象，排水口应有防污染措施。

(9) 高层建筑饮用净水系统（管道直饮水系统）应竖向分区，各分区最低处配水龙头的静水压不宜大于 0.35MPa，且不得大于 0.45MPa，系统应设置成环状，并应保证足够的水量和水压。

24. 答：饮用净水系统的管材应优于生活给水系统，有良好的化学和物理稳定性，具有良好的机械加工特性和较高的性价比。饮水管道应选用薄壁不锈钢管、薄壁铜管、优质塑料管，一般应优先选用薄壁不锈钢管，因为其强度高、受高温变化的影响小、热传导系数低、内壁光滑、耐腐蚀、对水质的不利影响极小。

25. 答：(1) 严禁饮用净水供应系统与其他水系统的管道串联。

(2) 整个供水管网布置成等程式循环管路，并且采用压力传感器或者电磁阀根据管网内压力调节循环流量，使主干管内多余的水回流至净水站，以始终保持水的新鲜、优质。

(3) 一般不设屋顶水箱，应尽量采用变频调速供水设备或气压供水装置直接供水，避免由屋顶水箱引起的二次污染。

(4) 深度净化工艺中一般不用液氯消毒，而采用物理方法消毒，饮用净水工艺中基本没有余氯，细菌、微生物易繁殖，为保持管道卫生，可采取定期投加精制的漂白精或者消毒剂等进行管道消毒清洗。

(5) 在管网设计中留出冲洗的进出口，通过安装的阀门控制，定期对管网进行水力冲洗，达到强制冲洗的目的。

(6) 管道安装时应加强施工管理，提高管内的清洁度和管道接口的质量，避免因施工不当使滞留在管内的沉积物引起二次污染。

5.5 计算题

1. 解：(1) 每天的用水量

$Q_d=Nq_E=800\times2=1600\text{L/d}=1.6\text{m}^3/\text{d}$

最大时开水量

$Q_h=K_hQ_d/T=2.0\times1600/15=213.33\text{L/d}$

(2) 每天的耗热量

$W_d=1.1CQ_d(t_k-t_l)=1.1\times4.19\times1600\times(100-10)=663696\text{kJ/h}$

每天耗电量：$N_d=663696/3600=184.36\text{kW}$

（3）最大时耗电量

$N_h=1.1CQ_h(t_k-t_l)=1.1\times4.19\times213.33\times(100-10)=88491.42\text{kJ/h}$

最大时耗电量：$N_h=88491.42/3600=24.58\text{kW}$

2. 解：当水嘴数量 $n=12$ 时，使用数量 $m=4$，水嘴额定流量 $q_0=0.04\text{L/s}$

$q_g=q_0m=0.04\times4=0.16\text{L/s}$

6 建筑消防系统

6.1 填空题

1. 火灾过程可以分为________、________、________三个阶段。

2. 火灾按燃烧对象分为________燃烧、________燃烧、________燃烧、________燃烧。

3. 火灾按严重程度分为________火灾、________火灾和________火灾。

4. 火灾自动报警系统主要由________、________和________等构成。

5. 自动喷水灭火系统按喷头开闭形式分为________自动喷水灭火系统和________自动喷水灭火系统。

6. 报警控制装置是在自动喷水灭火系统中起探测、控制和报警的作用，并能发出声、光等信号的装置，主要由________、________和________等组成。

7. 水幕系统是由______、______和______等组成的喷水系统，其作用是阻止、隔断火情。

8. 自动喷水灭火系统的危险等级分为________________。

9. 消火栓的安装方式有________________两种；距地面高度为________米。

10. 泡沫灭火的三种作用是________作用、________作用和________作用。

11. 泡沫灭火系统按其使用方式有________式、________式和________式之分。

12. 一个喷头的理论喷水量为________L/s；设计喷水量为________L/s。

13. 室外消火栓宜采用________式，当采用________式消火栓时，应有明显标志。

14. 室内消防给水管道分段阀门的设置，应保证检修管道时，关闭停用的竖管不超过________根。

15. 水泵结合器的作用是________。

16. 消防系统根据使用灭火剂的种类和灭火方式可分为________、________和______。

17. 干粉灭火系统按其设备的安装方式分为________、________两种。

18. 湿式报警阀的作用是________________________。

19. 常用的喷头耐受温度为________℃，显示颜色为________。
厨房间的喷头耐受温度为________℃，显示颜色为________。

20. 一个水泵接合器的流量为________L/s。

6.2 单项选择题

1. 干湿两用系统是把干式和湿式两种系统的优点结合在一起的一种自动喷水灭火系统，

在环境温度高于（　　）℃、低于（　　）℃时系统呈干式。（　　）

A. 50　4　　B. 60　4　　C. 70　4　　D. 80　4

2. 消防水箱应贮存（　　）消防用水量。

A. 5min　　B. 10min　　C. 15min　　D. 20min

3. 对高层民用建筑与高层工业建筑的消火栓给水管网，要求（　　）。

A. 进水管至少两条，并且水平管道布置成环网

B. 进水管至少两条，并且水平管道和竖管都布置成环网

C. 水平管道和竖管都布置成环网，进水管可以一条

D. 进水管二条，竖管布置成环网

4. 采用闭式喷头的湿式自动喷水灭火系统每个报警阀控制喷头数不宜超过（　　）。

A. 1000 个　　B. 1200 个　　C. 800 个　　D. 600 个

5. 每个设置点的灭火器数量不应超过（　　）。

A. 1 具　　B. 3 具　　C. 5 具　　D. 7 具

6. 以下关于确定消防水池的容量的原则哪条是正确的？（　　）

A. 应满足在火灾延续时间内室内外消防水量的总和

B. 应满足在火灾延续时间内室外消防水量的总和

C. 应满足在火灾延续时间内室内消防水量的总和

D. 应满足在火灾延续时间内自动消防水量的总和

7. 设置高压给水系统的建筑物并能保证最不利点消火栓和自动喷水灭火系统等的水量和水压的建筑物，或设置干式消防竖管的建筑物（　　）。

A. 应设消防水箱　　B. 宜设消防水箱

C. 可不设消防水箱　　D. 宜设气压罐

8. 水泵接合器连接在（　　）。

A. 室内生活给水管道上　　B. 室内消防给水管道上

C. 室外生活给水管道上　　D. 市政给水管道上

9. 自动喷水灭火系统中，每根配水支管的最小管径为（　　）。

A. DN15mm　　B. DN20mm　　C. DN25mm　　D. DN32mm

10. 高层建筑内的下列哪个房间应设置水喷雾灭火系统？（　　）

A. 水泵房　　B. 变配电室　　C. 空调机房　　D. 自备发电机房

11. 一座层高 48.5m 的高级旅馆，有两条市政给水管供水，每条管供水 $36m^3/h$，室外消火栓由市政给水管供水，若已知室内消火栓给水系统水量为 30L/s，自动喷水灭火系统水量为 28L/s，则消防水池的有效容积为（　　）。

A. $208.8m^3$　　B. $316.8m^3$　　C. $246.8m^3$　　D. $278.8m^3$

12. 下列哪项车间的生产火灾危险性属丙类？（　　）

A. 金属烧焊车间　　B. 塑料制品车间

C. 水泥制品车间　　D. 燃气热水炉间

13. 某建筑物（建筑高度小于 24m）室外消防用水量大于 15L/s，当其室内设置消火栓数量不超过（　　）时，其室内消火栓管网可采用枝状管网的布置形式。

A. 5 个　　B. 8 个　　C. 10 个　　D. 12 个

14. 下列有关建筑消防设计的说法中，哪项是错误的？（　　）

A. 专用电子计算机房应按严重危险级配置灭火器

B. 木材加工车间的火灾危险性为丙类

C. 医院氮气贮存间的火灾危险性为丁类

D. 大、中型地下停车场应按中危Ⅱ级设计自动喷水灭火系统

15. 某净空高度10.8m的自选商场，货物堆放高度为4.5m。设计自动喷水灭火系统时，其作用面积应采用（　　）。

A. 160m^2　　B. 200m^2　　C. 260m^2　　D. 300m^2

16. 某8层电子厂房，长38m，宽24m，层高均为6m，建筑高度48.5m。设有室内消火栓系统和自动喷水灭火系统。则其室内消火栓系统最小用水量应为（　　）。

A. 135m^3　　B. 180m^3　　C. 270m^3　　D. 324m^3

17. 消防水池容量超过（　　）时，应分设成2个能独立使用的消防水池。

A. 300m^3　　B. 500m^3　　C. 800m^3　　D. 1000m^3

18. 下列各种建筑中，（　　）可不设室内消防给水。

A. 9层的单元式住宅，底层设有商业网点

B. 7层的教学楼

C. 1000个座位的礼堂

D. 4层、体积为7500m^{3}的商店

19. 某省一座大型图书馆内设有贵重图书珍藏库，该库应设置下列哪种消防系统？（　　）

A. 自动喷水灭火系统　　B. 水喷雾灭火系统

C. 泡沫灭火系统　　D. 气体灭火系统

20. 某高层工业建筑，室内消火栓水枪的充实水柱的最小取值为（　　）。

A. 7m　　B. 10m　　C. 13m　　D. 15m

21. 自动喷水灭火系统，除吊顶型喷头及吊顶下安装的喷头外，直立型、下垂型标准喷头，其溅水盘与顶板的距离应为（　　）。

A. 不应小于75mm，不应大于150mm

B. 不应小于50mm，不应大于200mm

C. 不应小于100mm，不应大于250mm

D. 不应小于150mm，不应大于250mm

22. 下列高层建筑的分类哪项是错误的？（　　）

A. ≥19层的普通住宅为一类建筑

B. 10层至18层的普通住宅为二类建筑

C. 每层建筑面积为800～1000m^2，建筑高度为50m的商业楼为一类建筑

D. 医院、高级旅馆为一类建筑

23. 下列组件中，哪一项通常不安装在开式自动喷水灭火系统中？（　　）

A. 雨淋阀组　　B. 开式洒水喷头

C. 配套设置的火灾自动报警系统　　D. 配水管网的快速排气阀

24. 室外消防用水利用天然水源时，应确保枯水期最低水位时消防用水的可靠性，且应设置可靠的（　　）。

A. 取水设施　　B. 取水泵房　　C. 贮水构筑物　　D. 消防泵房

25. 室外消防给水可采用高压或临时高压给水系统或低压给水系统。如采用高压或临时高压给水系统，管道的压力应保证用水总量达到最大且水枪在任何建筑物的最高处时，水枪的充实水柱仍不小于（　　）。

A. 13m　　B. 8m　　C. 10m　　D. 7m

26. 室外消防给水如采用低压给水系统，管道的压力应保证灭火时最不利点消火栓的水压不低于（　　）（从地面算起）。

A. 13mH_2O　　B. 8mH_2O　　C. 10mH_2O　　D. 7mH_2O

27. 工厂、仓库和民用建筑的室外消防用水量，应按（　　）。

A. 同一时间内的火灾次数确定

B. 一次灭火用水量确定

C. 同一时间内的火灾次数和一次灭火用水量

D. 同一时间内的火灾次数和总的灭火用水

28. 室外消防给水管网应布置成环状，但在建设初期或室外消防用水量不超过（　　）时，可布置成枝状。

A. 10L/s　　B. 15L/s　　C. 25L/s　　D. 5L/s

29. 环状管道应用阀门分成若干独立段，每段内消火栓的数量不宜超过（　　）。

A. 5 个　　B. 4 个　　C. 6 个　　D. 3 个

30. 室外消火栓的保护半径不应超过____；在市政消火栓保护半径 150m 以内，如消防用水量不超过____时，可不设室外消火栓。（　　）

A. 50m　5L/s　　B. 120m　25L/s　　C. 150m　30L/s　　D. 120m　20L/s

31. 具有哪种下列情况应设消防水池？（　　）

A. 当生产、生活用水量达到最大时，市政给水管道、进水管或天然水源不能满足室内外消防用水量

B. 市政给水管道为枝状，消防用水量为 15L/s

C. 市政给水管道为枝状，消防用水为 20L/s

D. 市政给水管道为环状或有两条进水管，且工作压力为 0.2MPa

32. 供消防车取水的消防水池应设取水口，其取水口与建筑物（水泵房除外）的距离不宜小于____；与甲、乙、丙类液体贮罐的距离不宜小于 40m；供消防车取水的消防水池应保证消防车的吸水高度不超过____。（　　）

A. 15m　6m　　B. 10m　7m　　C. 20m　6m　　D. 15m　7m

33. 下列哪些建筑物应设室内消防给水？（　　）

A. 体积超过 5000m^3 的车站、码头、机场建筑物以及展览馆、商店、病房楼、门诊楼、图书、书库等

B. 超过六层的单元式住宅、超过五层的塔式住宅、通廊式住宅、底层设有商业网点的单元式住宅

C. 超过四层的教学楼等其他民用建筑

D. 室内没有生产、生活给水管道，室外消防用水取自贮水池且建筑体积不超过 5000m^3 的建筑物

34. 室内消火栓的布置，应保证有两支水枪的充实水柱同时到达室内任何部位。建筑高度小于或等于 24m 时，且体积小于或等于 5000m^3 的库房，可采用（　　）水枪充实水柱到达室内任何部位。

A. 1 支　　B. 2 支　　C. 3 支　　D. 4 支

35. 消防电梯前室（　　）设室内消火栓。

A. 应　　B. 宜　　C. 不应　　D. 不宜

36. 室内消火栓的间距应由计算确定。高层工业建筑、高架库房、甲、乙类厂房，室内消火栓的间距，其他单层和多层建筑室内消火栓的间距分别不应超过（　　）。

A. 50m　50m　　B. 30m　30m　　C. 25m　50m　　D. 30m　50m

37. 设有室内消火栓的建筑，如为平屋顶时，宜在平屋顶上设置（　　）。

A. 室内消火栓　　B. 排气阀

C. 试验和检查用的消火栓　　D. 压力表

38. 高层工业建筑和水箱不能满足最不利点消火栓水压要求的其他建筑，应在每个室内消火栓处设置（　　），并应有保护设施。

A. 手动报警装置　　B. 警铃

C. 直接启动消防水泵的按钮　　D. 声光报警装置

39. 室内消防水箱（包括气压水罐、水塔、分区给水系统的分区水箱），应贮存10min的消防用水量。当室内消防用水量不超过25L/s，经计算水箱消防贮水量超过$12m^3$时，仍可采用____；当室内消防用水量超过25L/s，经计算水箱消防贮水量超过$18m^3$，仍可采用____。

A. $15m^3$　$20m^3$　　B. $15m^3$　$18m^3$　　C. $12m^3$　$20m^3$　　D. $12m^3$　$18m^3$

40. 下列哪些部位可不设置闭式自动喷水灭火设备？（　　）

A. 超过1500个座位的剧院观众厅、舞台上部（屋顶采用金属构件时）、化妆室、道具室、贮藏室、贵宾室；超过2000个座位的会堂或礼堂的观众厅、舞台上部、贮藏室、贵宾室；超过3000个座位的体育馆、观众厅的吊顶上部、贵宾室、器材间、运动员休息室

B. 每层面积超过$3000m^2$或建筑面积超过$9000m^2$的百货商场、展览大厅

C. 设有空气调节系统的旅馆和综合办公楼内的走道、办公室、餐厅、商店、库房和无楼层服务员的客房

D. 建筑面积小于$500m^2$的地下商店

41. 下列哪些歌舞娱乐放映游艺场所可不设自动喷水灭火系统？（　　）

A. 设置在地下、半地下

B. 设置在建筑的首层、二层和三层，且建筑面积不超过$300m^2$

C. 设置在建筑的地上四层及四层以上

D. 设置在建筑的首层、二层和三层，且建筑面积超过$300m^2$

42. 消防水泵房应设直通室外的出口。设在楼层上的消防水泵房应靠近（　　）。

A. 安全出口　　B. 走道　　C. 电梯间　　D. 消防电梯

43. 消防水泵应保证在火警后5min内开始工作，并在火场断电时仍能正常运转。设有备用泵的消防泵站或泵房，应设备用动力，若采用双电源或双供电有困难时，可采用（　　）。

A. 内燃机作动力

B. 单回路供电

C. 经有关部门批准后采用单回路供电

D. 采用蒸汽锅炉作动力

44. 下列哪项不能作为划分自动喷水灭火系统设置场所火灾危险等级的依据？（　　）

A. 由可燃物的物质、数量及分布状况等确定的火灾荷载

B. 由面积、高度及建筑物构造等情况体现的室内空间条件

C. 由气温、日照及降水等气候因素反映的环境条件

D. 由人员疏散难易、消防队增援快慢等决定的外部条件

45. 以下以室内消火栓用水量设计的叙述，哪一项是错误的？（　　）

A. 住宅中设置式消防竖管的 DN65mm 消火栓的用水量。不计入室内消防用水量

B. 消防软管卷盘的用水量，设计时不计入室内消防用水量

C. 平屋顶上设置的实验和检查用消火栓，设计时不计入室内消防用水量

D. 冷库内设置在常温穿堂的消火栓用水量，设计时不计入室内消防用水量

46. 以下有关自动喷水灭火系统按工程实际情况进行系统形式替代的叙述中，哪一项是不合理的？（　　）

A. 为避免系统管道充水低温结冰或高温汽化，可用预作用系统替代湿式系统

B. 在准工作状态严禁管道漏水的场所和为改善系统滞后喷水的现象，可采用干式系统替代预作用系统

C. 在设置防火墙有困难时，可采用闭式系统保护防火卷帘的防火分隔形式替代防火分隔水幕

D. 为扑救高堆垛仓库火灾，设置早期抑制快速响应喷头的自动喷水灭火系统，可采用干式系统替代湿式系统

47. 一座 7 层单元式住宅，底层为商业网点，其中面积为 100m^2 的录像厅茶座及面积为 150m^2 电子游艺室均要求设计自动喷水灭火局部应用系统。采用流量系数 k=80 的快速响应喷头。喷头的平均工作压力以 0.10MPa 计，作用面积内各喷头流量相等。该系统在屋面设置专用消防水箱以常高压系统方式供给本系统用水，则该水箱最小有效容积应为（　　）。

A. 19.2m^2　　B. 24.0m^2　　C. 28.8m^2　　D. 48.0m^2

48. 一座净高 4.5m、顶板为 3.7m×3.7m 的十字梁结构的地下车库，设有自动喷水湿式灭火系统，在十字梁的中点布置 1 个直立型洒水喷头（不考虑梁高与梁宽对喷头布置产生的影响），当以 4 个相邻喷头为顶点的围合范围核算喷水强度用以确定喷头的设计参数时，应选择下述哪种特性系数 K 及相应工作压力 P 的喷头？（　　）

A. K=80P=0.1MPa　　B. K=80P=0.15MPa

C. K=115P=0.05MPa　　D. K=115P=0.1MPa

49. 一座建筑高度 60m 的办公楼设有自动喷水湿式灭火系统，采用标准洒水喷头（下垂型），喷头最小工作压力为 0.05MPa，最大工作压力为 0.15MPa。在走道单独布置喷头，核算走道的最大宽度是（　　）。

A. 2.49m　　B. 3.6m　　C. 3.88m　　D. 4m

50. 关于灭火设施设置场所火灾危险等级分类、分级的叙述中，哪项是不对的？（　　）

A. 工业厂房应根据生产中使用或生产的物质性质及其数量等因素，分为甲、乙、丙、丁、戊类

B. 多层民用建筑应根据使用性质、火灾危险性、疏散及扑救难度分为一类和二类

C. 自动喷水灭火系统设置场所分为轻危险级、中危险级、严重危险级和仓库危险级

D. 民用建筑灭火器配制场所分为轻危险级、中危险级和严重危险级

51. 下述水喷雾灭火系统的组件和控制方式中，哪项是错误的？（　　）

A. 水喷雾灭火系统应设有自动控制、手动控制和应急操作三种控制方式

B. 水喷雾灭火系统的雨淋阀可由电控信号、传动管液动信号或传动管气动信号进行开启

C. 水喷雾灭火系统的火灾探测器可采用缆式线型定温型、空气管式感温型或闭式喷头

D. 水喷雾灭火系统由水源、供水泵、管道、过滤器、水雾喷头组成

52. 高层民用建筑按规范要求设有室内消火栓系统和自动喷水灭火系统，以下设计技术条件中，哪一项是错误的？（　　）

A. 室内消火栓系统和自动喷水灭火系统可合用高位消防水箱

B. 室内消火栓系统和自动喷水灭火系统可合用消防给水泵

C. 室内消火栓系统和自动喷水灭火系统可合用水泵接合器

D. 室内消火栓系统和自动喷水灭火系统可合用增压设施的气压罐

53. 关于自动喷水灭火系统湿式和干式两种报警阀功能的叙述中，哪项是错误的？（　　）

A. 均具有喷头动作后报警水流驱动水力警铃和压力开关报警的功能

B. 均具有防止系统水流倒流至水源的止回功能

C. 均具有接通或关断报警水流的功能

D. 均具有延迟误报警的功能

54. 下列高层建筑消火栓系统竖管设置的技术要求中，哪一项是正确的？（　　）

A. 消防竖管最小管径不应小于 100mm 是基于利用水泵接合器补充室内消防用水的需要

B. 消防竖管布置应保证同层两个消火栓水枪的充实水柱同时到达被保护范围内的任何部位

C. 消防竖管检修时应保证关闭停用的竖管不超过一根，当竖管超过 4 根时可关闭 2 根

D. 当设 2 根消防竖管困难时，可设 1 根竖管，但必须采用双阀双出口型消火栓

55. 某一栋综合楼，高 49m，底部 3 层为商场，上部为写字楼，消防用水量按商场部分计算，设有室内外消火栓给水系统，自动喷水灭火系统，其设计流量均为 30L/s；跨商场 3 层的中庭采用雨淋系统，其设计流量为 45L/s，中庭与商场防火分隔采用防护冷却水幕，其设计流量为 35L/s，室内外的消防用水均需贮存在消防水池中，则消防水池的最小有效容积应为以下哪项？（　　）

A. $1044m^3$　　B. $756m^3$　　C. $720m^3$　　D. $828m^3$

56. 以下叙述哪条有错？（　　）

A. 独立设置的消防水泵房，其耐火等级必须是一级

B. 高层建筑内设置消防水泵房时应采用耐火极限不小于 2.0h 的隔墙

C. 消防水泵房设在首层时，其出口宜直通室外

D. 消防水泵房设在地下室或其他楼层时，其出口应直通安全出口

57. 高层建筑无可燃物的设备层（　　）。

A. 可不设消火栓　　B. 应设消火栓

C. 应设气体灭火系统　　D. 应设自动喷水灭火系统

58. 高位消防水箱的设置高度应保证最不利点消火栓静水压力。当建筑高度不超过 100m 时，高层建筑最不利点消火栓静水压力不应低于____；当建筑高度超过 100m 时，高层建筑最不利点消火栓静水压力不应低于____。当高位消防水箱不能满足上述静压要求时，应设增压设施。（　　）

A. 0.1MPa　0.2MPa　　B. 0.08MPa　0.12MPa

C. 0.08MPa　0.16MPa　　D. 0.07MPa　0.15MPa

59. 二类高层建筑中的下列哪些部位可不设自动喷水灭火系统？（　　）

A. 商业营业厅　　B. 展览厅等公共活动用房

C. 建筑面积超过 $200m^2$ 的可燃物品库房　D. 普通办公室

60. 下面关于高层建筑消防水池的叙述中，错误的是（　　）。

A. 消防水池的总容量超过 $1000m^3$ 时，应分成两个能独立使用的消防水池

B. 供消防车取水的消防水池的取水口或取水井，其水深应保证消防车的消防水泵吸水高度不超过 6.00m

C. 消防用水可以与其他用水共用水池

D. 寒冷地区的消防水池应采用防冻措施

61. 室内消防给水管道应符合下列要求，其中错误的是（　　）。

A. 消防用水与其他用水合并的室内管道，当其他用水达到最大秒流量时，应仍能供应全部消防用水量

B. 当生产，生活用水量达到最大，且市政给水管道仍能满足室内外消防用水量时，室内消防泵宜直接从市政管道取水

C. 室内消火栓给水管网与自动喷水灭火设备的管网，宜分开设置；如有困难，应在报警阀后分开设置

D. 严寒地区非采暖的厂房、库房的室内消火栓，可采用干式系统

62. 有一栋集办公、商场和仓储为一体的建筑，总建筑面积为 1.2000m^2，一层为商场及仓库，层高 5m，面积 4500m^2，其中仓库面积为 1200m^2，最大堆垛高度为 2.9m，用于存放布匹和鞋帽；二、三、四层为办公，每层建筑面积均为 2500m^2，按有关规定，该建筑自动喷水灭火系统的设计参数按下列哪一项设计是既符合规定又是最经济合理的？（　　）

A. 应按中危险Ⅰ级的设计参数进行系统设计

B. 应按中危险的Ⅱ级的设计参数进行系统设计

C. 应按仓库危险Ⅱ级的设计参数进行系统设计

D. 应按仓库危险Ⅰ级的设计参数进行系统设计

63. 消火栓给水管道的设计流速不宜超过（　　）。

A. 2.0m/s　　B. 2.5m/s　　C. 5.0m/s　　D. 1.5m/s

64. 消火栓处静水压力超过（　　）时，宜采用分区供水的室内消火栓给水方式。

A. 300kPa　　B. 400kPa　　C. 500kPa　　D. 1000kPa

65. 自动喷水灭火系统中的水流指示器前应装（　　）。

A. 信号阀　　B. 止回阀　　C. 安全阀　　D. 开关阀

66. 自动喷水灭火系统中，每个防火分区及楼层均应设（　　）。

A. 报警阀　　B. 延迟器　　C. 水流指示器　　D. 安全阀

67. 在湿式喷水灭火系统中为防止系统发生误报警，在报警阀与水力警铃之间的管道上必须设置（　　）。

A. 闸阀　　B. 水流指示器　　C. 延迟器　　D. 压力开关

68. 下列自动喷水灭火系统中，属于开式系统的是（　　）。

A. 湿式系统　　B. 水幕系统　　C. 预作用系统　　D. 干式系统

69. 下列（　　）是标准喷头的准确定义。

A. 流量系数 $K=80$ 的玻璃球喷头

B. 流量系数 $K=80$、动作温度为 68℃ 的玻璃球喷头

C. 流量系数 $K=80$ 的喷头

D. 流量系数 $K=80$、动作温度为 68℃ 的喷头

70. 闭式系统的喷头，其公称动作温度宜高于环境最高温度（　　）。

A. 20℃　　B. 30℃　　C. 40℃　　D. 50℃

71. 水喷雾系统不能用于扑灭下列哪种火灾？（　　）

A. 固体火灾　　　　　　　　　　　　B. 高温密闭空间内的火灾

C. 闪点高于 600 的液体火灾　　　　D. 电器火灾

72. 某建筑为高度 49m 的二类建筑商业楼，设有室内消火栓及自动喷水灭火系统，其中自动喷水灭火系统的用水量为 30L/s，该建筑室内、室外消火栓用水量应为下列何项？（　　）

A. 室内、室外消火栓均为 15L

B. 室内、室外消火栓均为 20L

C. 室内消火栓为 15L/s、室外消火栓为 20L/s

D. 室内消火栓为 20L/s、室外消火栓为 15L/s

73. 下列关于自动喷水灭火系统局部应用的说明中，哪一项是错误的？（　　）

A. 采用 $K=80$ 的喷水且其总数为 20 只时，可不设报警阀组

B. 采用 $K=115$ 的喷水且其总数为 10 只时，可不设报警阀组

C. 在采取防止污染生活用水的措施后可由城市供水管直接供水

D. 当采用加压供水时，可按二级负荷供电，且可不设备用泵

74. 下列高层建筑消防系统设置的叙述中，哪几条是正确的？（　　）

A. 高层建筑必须设置室内消火栓给水系统，宜设置室外消火栓给水系统

B. 高层建筑宜设置室内、室外消火栓给水系统

C. 高层建筑必须设置室内、室外消火栓给水系统

D. 高层建筑必须设置室内、室外消火栓给水系统和自动喷水灭火系统

75. 某高层建筑采用由消防水池、消防泵、管网和高位水箱、稳压泵等组成的消火栓给水系统。下列该系统消防泵自动控制的说明中，哪一项是正确的？（　　）

A. 在消防泵房内消防干管上设压力开关控制消防泵的启、停

B. 在每个消火栓处设消防按钮装置直接启泵，并在消防控制中心设手动启、停消防泵装置

C. 由稳压泵处消防管上的压力开关控制消防泵的启、停

D. 由稳压泵处消防管上的压力开关控制消防泵的启、停，并在消防控制中心设手动启、停消防泵装置

76. 某 5000 座位的体育馆，设有需要同时开启的室内外消火栓给水系统、自动喷水灭火系统、固定消防炮灭火系统。室外消防用水由室外管网供给。自动喷水灭火系统用水量为 30L/s。固定消防炮灭火系统用水量 40L/s，火灾延续时间为 2h。若室内消防用水贮存在消防水池中，则消防水池的最小容积应为（　　）。

A. $468m^3$　　　B. $504m^3$　　　C. $540m^3$　　　D. $450m^3$

77. 下列哪种灭火系统不能自动启动（　　）。

A. 水喷雾灭火系统　　　　　　　　B. 临时高压灭火系统

C. 雨淋系统　　　　　　　　　　　D. 组合式气体灭火系统

78. 以下关于室内消火栓设置的叙述中，哪项不准确？（　　）

A. 消防电梯前室应设消火栓

B. 消火栓应设置在明显且易于操作的部位

C. 消火栓栓口处的出水压力大于 0.5MPa 时，应设置减压设施

D. 采用临时高压给水方式的室内每个消火栓处均应设置消防启动按钮

79. 下列有关自动喷水灭火系统操作与控制的叙述中，哪项是错误的？（　　）

A. 雨淋阀采用充水传动管自动控制时，闭式喷头和雨淋阀之间的高差应限制

B. 雨淋阀采用充气传动管自动控制时，闭式喷头和雨淋阀之间的高差不受限制

C. 预作用系统自动控制是采用在消防控制室设手动远控方式

D. 闭式系统在喷头作用后，应立即自动启动供水泵向配水管网供水

80. 某二层乙类厂房（层高 6.6m）设有室内消火栓给水系统，则其消火栓水枪的充实水柱长度不应小于（　　）。

A. 7m　　B. 13m　　C. 10m　　D. 8m

6.3　多项选择题

1. 下列关于室内消防给水管道布置的要求中，符合《建筑设计防火规范》(GB 50016—2006) 的是（　　）。

A. 室内消火栓给水管网宜与自动喷水灭火系统的管网分开设置；当合用消防泵时，供水管路应在报警阀前分开设置

B. 允许直接吸水的市政给水管网，只要室外管网能满足消防用水量的要求，消防水泵即可直接从市政给水管网吸水

C. 消防给水管道应连成环状，且至少应有 2 条进水管与室外管网或消防水泵连接

D. 严寒地区非采暖的厂房、库房的室内消火栓系统，可采用干式系统

2. 自动喷水灭火系统的设计原则应符合下列规定，其中正确的是（　　）。

A. 湿式系统、干式系统、预作用系统应在开放一只喷头后自动启动，雨淋系统应在火灾自动报警系统报警后自动启动

B. 作用面积内开放的喷头，应在规定时间内按设计选定的强度持续喷水

C. 喷头洒水时，应均匀分布，且不应受阻挡

D. 闭式喷头的火灾探测器，应能有效探测初期火灾

3. 下面关于灭火器的叙述中，错误的是（　　）。

A. 地下建筑灭火器的配置数量应按其相应的地面建筑的规定增加 30%

B. 可燃物露天堆垛的场所，可不设灭火器

C. 灭火器不得设置在超出其使用温度范围的地点

D. 灭火器应设置稳固，其铭牌必须朝内

4. 以下不同建筑物高位水箱的有效容积的确定哪几项是正确的？（　　）

A. 建筑高度为 78m 的高级旅馆，其高位水箱有效容积不应小于 18m^3

B. 建筑高度为 50m 的普通科研楼，其高位水箱有效容积不应小于 12m^3

C. 建筑高度层数为 12 层的普通住宅楼，其高位水箱有效容积不应小于 12m^3

D. 建筑高度为 49m 的高级旅馆，其高位水箱有效容积不应小于 12m^3

5. 下列开式自动喷水灭火系统中，哪几项是直接灭火作用的？（　　）

A. 雨淋喷水灭火系统

B. 水幕喷水灭火系统

C. 水喷雾系统

D. 固定在贮油罐中、顶部周边的开式喷水灭火系统

6. 下列开式自动喷水灭火系统中，哪几项是起直接灭火作用的？（　　）

A. 雨淋喷水灭火系统

B. 水幕喷水灭火系统

C. 水喷雾灭火系统

D. 固定在贮油罐中、顶部周边的开式喷水灭火系统

7. 在同一灭火器设置场所，当选用两种或两种以上的灭火器时，应按规范选用与灭火剂相容的灭火器，下列陈述哪几项是正确的？（　　）

A. 磷酸铵盐干粉灭火剂与碳酸氢钾干粉灭火剂不相容

B. 碳酸氢钾干粉灭火剂与蛋白泡沫灭火剂不相容

C. 碳酸氢钾干粉灭火剂与蛋白泡沫灭火剂不相容

D. 磷酸铵盐干粉灭火剂与碳酸氢钾干粉灭火剂不相容

8. 湿式喷水灭火系统中能发出火灾信号的组件有（　　）。

A. 水流指示器　B. 压力开关　C. 水力警铃　D. 延迟器

9. 水幕喷水灭火系统可起到（　　）作用。

A. 冷却　B. 阻火　C. 防火带　D. 减压

10. 自动喷水灭火系统按喷头开、闭形式有闭式自动喷水灭火系统和开式自动喷水灭火系统，下列（　　）为闭式自动喷水灭火系统。

A. 湿式自动喷水灭火系统　B. 干式自动喷水灭火系统

C. 雨淋喷水灭火系统　D. 水幕系统

11. 消火栓出口压力超过 0.5MPa 时，可以设（　　）减压。

A. 减压孔板　B. 安全阀

C. 减压稳压消火栓　D. 节流阀

12. 水基灭火系统的灭火机理主要是冷却，同时还伴有下列哪些作用？（　　）

A. 窒息　B. 预湿润　C. 隔离　D. 稀释

13. 下列哪些场所应设消防备用泵？（　　）

A. 室外消防用水量为 30L/s 的仓库的室外消防给水系统的消防给水泵

B. 室外消防用水量为 20L/s 的高层住宅的室外消防给水系统的消防给水泵

C. 室外消防用水量为 20L/s 的丙类工厂的室内自动喷水灭火系统的消防给水泵

D. 室外消防用水量为 30L/s、室内消火栓用水量为 10L/s 的多层工业建筑的室内消防给水系统的消防给水泵

14. 下列哪些水基自动灭火系统可采用雨淋阀实现自动控制？（　　）

A. 水幕系统　B. 干式系统　C. 预作用系统　D. 水喷雾灭火系统

15. 下列哪几项属于高层建筑？（　　）

A. 单层工业厂房，屋檐高度为 32m，建筑面积为 3 万平方米

B. 二层仓库，屋面高度为 25m

C. 9 层单元住宅上每户有跃层的住宅

D. 3 层展览馆，屋面高度为 36m

16. 室内消火栓口的水压是（　　）之和。

A. 水龙带水头损失　B. 造成充实水柱所需的水枪喷嘴压力

C. 消火栓口局部水头损失　D. 管网水头损失

17. 若水枪喷嘴直径为 16mm 时，所选用的水龙带直径应为（　　）。

A. 80mm　B. 65mm　C. 50mm　D. 30mm

18. 以下自动喷水灭火系统使用的喷头为闭式喷头的是（　　）。

A. 水幕系统　　B. 湿式自动喷水灭火系统

C. 干式自动喷水灭火系统　　D. 预作用式自动喷水灭火系统

19. 下列有关高层建筑群共用消防水池、水箱的设计要求中，哪几项是正确的？(　　)

A. 共用消防水池、水箱的高层建筑群，同一时间内只考虑一次火灾

B. 共用消防水池的容积应按该建筑群中用水量最大一栋建筑的消防用水量计算确定

C. 确定消防水池水深时，应考虑建设场地的海拔高度

D. 共用消防水池贮存室外消防用水量时，其取水口径距被保护建筑外墙的距离不宜小于 6m

20. 下列自动喷水灭火系统组件与设施的连接管中，管径不应小于 DN25mm 的是哪几项？(　　)

A. 与 DN15mm 直立型喷头连接的短立管

B. 与 DN15mm 下垂型喷头连接的短立管

C. 末端试水装置的连接管

D. 水力警铃与报警阀间的连接管

21. 某单位一幢多层普通办公楼拟配置灭火器，下列哪几种灭火器适用于该建筑？(　　)

A. 二氧化碳灭火器　　B. 泡沫灭火器

C. 碳酸氢钠干粉灭火器　　D. 磷酸钠盐干粉灭火器

22. 下列高层建筑室内临时高压消火栓给水系统的消防主泵房启、停控制方式中哪几项是不正确的？(　　)

A. 每个消火栓处应能直接启动消防主泵

B. 消防控制中心应能手动启、停消防主泵

C. 消防水泵房应能强制启、停消防主泵

D. 消防水池最低水位应能自动停止消防水泵

23. 下述消火栓给水系统消防水泵房的设计要求中，哪几项不符合《建筑设计防火规范》(GB 50016—2006) 的要求？(　　)

A. 附设在民用建筑中的消防水泵房应采用防火墙与其他部位隔开

B. 附设在民用建筑中的消防水泵房不应贴邻人员密集场所

C. 消防水泵房内设置水泵的房间，应设排水设施

D. 消防水泵房应采用乙级防火门

24. 自动喷水灭火系统报警阀器控制喷头数的主要原因是下列哪几项？(　　)

A. 为了提高系统的可靠性

B. 为了控制系统涉及流量不致过大

C. 避免系统维修时的关停部分不致过大

D. 避免喷头布置时与防火分区面积相差过大

25. 下列高层建筑消防给水系统竖向分区原则及水压的要求中，哪几项是正确的？(　　)

A. 室内消火栓栓口的静水压力不应超过 1.0MPa

B. 室内消火栓栓口的静水压力不应超过 0.5MPa

C. 自动喷水灭火系统报警阀出口压力不应超过 1.2MPa

D. 自动喷水灭火系统轻、中危险级场所配水管道入口压力不应超过 0.4MPa

26. 下列消火栓给水系统的给水方式正确的有（　　）。

A. 由室外直接供水的给水方式　　B. 单设水泵的给水方式

C. 单设水箱的给水方式　　D. 设水泵、水箱的给水方式

27. 以下报警阀组设置中，哪几条叙述是正确的？（　　）
A. 水幕系统应设独立的报警阀组或感烟雨淋阀组
B. 保护室内钢屋架等建筑构件的闭式系统，应设独立的报警阀组
C. 安装报警的部位应设有排水系统，水力警铃的工作压力不应小于 0.05MPa
D. 串联接入湿式系统配水干管的其他自动喷水灭火系统，应分别设置独立的报警阀组
28. 自动喷水灭火系统的报警装置有（　　）。
A. 水力警铃　　B. 压力开关　　C. 水流指示器　　D. 过滤器
29. 火灾探测器有（　　）几种。
A. 感温式　　B. 闭式　　C. 感烟式　　D. 开式
30. 下列关于建筑灭火器设置要求的叙述中，哪几项正确？（　　）
A. 一个计算单元内配置的灭火器数量不应小于 2 具
B. 住宅建筑每层的公共部位应设置至少一具手提式灭火器
C. 在 A 类火灾中危险级场所，单具 MS/Q9 型清水灭火器保护面积可达 $150m^2$
D. E 类火灾场所灭火器最低配置标准不应低于该场所内 A 类火灾的配置标准
31. 下列关于室外消防给水管道的布置和室内、外消火栓设置的说法哪几项正确？（　　）
A. 室外消防给水管网应布置成环状
B. 室外消火栓的保护半径不应大于 150m
C. 5 层以下的教学楼，可不设置室内消火栓
D. 室内消火栓栓口直径应为 *DN*65mm
32. 以下关于屋顶消防水箱设置的叙述中，哪几项不准确？（　　）
A. 高层建筑必须设置屋顶消防水箱
B. 对仅设置室内消火栓系统的高层工业厂房，当必须设置屋顶消防水箱时，消防水箱设置在该厂房的最高补位
C. 屋顶消防水箱的设置高度应满足室内最不利点处消火栓灭火时的设计压力
D. 屋顶消防水箱的主要作用是提供初期火灾时的消防用水水量

6.4　问答题

1. 建筑火灾有什么特点？
2. 建筑火灾产生的原因是什么？
3. 设置室内消火栓给水系统的规定是什么？
4. 消火栓给水系统的布置有什么要求？
5. 自动喷水灭火系统有什么功能？
6. 湿式自动喷水灭火系统的工作原理是什么？有什么特点？
7. 预作用自动喷水灭火系统的特点是什么？
8. 雨淋喷水灭火系统必须具备什么条件？
9. 消防供水水源有哪几种？什么情况应设消防水池？
10. 建筑灭火的机理主要有哪些？试分析其灭火的原理。
11. 室外消防栓的设置有什么要求？
12. 哪些情况不应使用水喷雾灭火系统？

13. 干粉灭火系统有哪些特点？

14. 建筑消防中灭火器的设置有哪些要求？

15. 对于高层建筑来说消防原则主要包括哪些？

6.5 计算题

1. 当消防水量为 26L/s 时，管道设计流量为 1.5m/s，试确定消防管径。

2. 有一地下车库设有自动喷水灭火系统，选用标准喷头。车库高 7.5m，柱网为 8.4m×8.4m，每个柱网均匀布置 9 个喷头，在不考虑短立管的水力阻力的情况下，求最不利作用面积内满足喷水强度要求的第一个喷头的工作压力？

6.6 参考答案

6.1 填空题

1. 阴燃　爆燃　熄灭
2. 普通固体　油脂及一切可燃液体可燃气体　可燃金属
3. 特大　重大　一般
4. 探测器　报警显示　火灾自动报警控制器
5. 闭式　开式
6. 控制器　探测器　报警器
7. 水幕喷头　管道　控制阀
8. 轻危险级　中危险级　重危险级和仓库危险级
9. 栓口向下和垂直墙面　1.1
10. 窒息　冷却　稀释
11. 固定　半固定　移动
12. 1　1.33
13. 地下式　地上式
14. 1
15. 连接消防车向室内消防给水系统加压供水的装置
16. 消火栓给水系统　自动喷水灭火系统其他固定灭火系统
17. 固定式　移动式
18. 开启和关闭管网的水流，传递控制信号至控制系统并启动水力警铃直接报警
19. 68　红色　93　绿色
20. 10～15

6.2 单项选择题

1. C	2. B	3. B	4. C	5. C	6. A	7. C	8. B	9. C	10. B
11. A	12. B	13. C	14. C	15. D	16. A	17. B	18. C	19. D	20. C
21. A	22. C	23. D	24. A	25. C	26. C	27. C	28. B	29. A	30. A
31. A	32. A	33. A	34. A	35. A	36. D	37. C	38. C	39. D	40. D
41. B	42. A	43. A	44. C	45. D	46. B	47. A	48. D	49. A	50. B
51. D	52. D	53. D	54. A	55. D	56. B	57. A	58. D	59. D	60. A

61. C　62. B　63. B　64. D　65. A　66. C　67. C　68. B　69. C　70. B
71. B　72. B　73. D　74. C　75. A　76. A　77. B　78. D　79. C　80. C

6.3　多项选择题

1. BCD　2. CD　3. BD　4. AB　5. AC　6. AC　7. AB
8. ABC　9. ABC　10. AB　11. AC　12. ABD　13. ABC　14. ABC
15. BCD　16. ABC　17. BC　18. BCD　19. ABC　20. ABC　21. BD
22. BD　23. ABD　24. AC　25. AC　26. ACD　27. BCD　28. ABC
29. AC　30. ACD　31. BD　32. AC

6.4　问答题

1. 答：①火灾隐患多危险性大；②火势凶猛且蔓延极快；③火灾的扑救难度大；④楼内的人员和物资疏散困难；⑤后果严重。

2. 答：(1) 人为因素。人为造成的火灾在建筑物内尤其是高层建筑物内是最常见的。人们工作中的疏忽，往往是造成火灾的直接原因。例如，焊接工人无视操作规程，不遵守安全工作制度，动用气焊或电焊工具进行野蛮操作，造成火灾（上海教师公寓火灾）；电气工人带电维修电气设备，工作中的不慎便可产生电火花，也能造成火灾；更有甚者，电气工作人员缺乏安全用电知识，在建筑物内乱拉临时电源，滥用电炉等电加热器，造成火灾；乱扔烟头，火柴梗等造成的火灾更是常见。

(2) 电气事故。现代高层建筑中，用电设备繁多，用电量大，电气管线纵横交错，非但维修工作量大，而且火灾隐患也相应增多。例如电气设备的安装不良，长期带病或过载工作，破坏了电气设备的电气绝缘，电气线路的短路就会造成火灾。电气设备防雷接地措施不合要求，接地装置年久失修等也能造成火灾。

(3) 可燃物的引燃。可燃物质包括可燃气体、可燃液体和可燃固体，建筑内部存放这一类可燃物质时，当温度达到其燃点温度时，就会发生燃烧甚至爆炸。

3. 答：按照我国现行的《建筑设计防火规范》、《高层民用建筑设计防火规范》和《人民防空工程设计防火规范》的规定，应设置室内消火栓给水系统的建筑如下所述。

(1) 厂房、库房（但对耐火等级为1、2级且可燃物较少的丁、戊类厂房和库房，耐火等级为3、4级且建筑体积不超过3000m^3的丁类厂房和建筑体积不超过5000m^3的戊类厂房除外）和科研楼（存有与水接触能引起燃烧爆炸的物品和不宜设置给水的房间除外）。

(2) 座位超过800个的剧院、电影院、俱乐部和座位超过1200个的礼堂、体育馆。

(3) 建筑体积超过5000m^3的车站、码头和机场建筑物以及展览馆、商店、病房楼、门诊楼、教学楼和图书馆等。

(4) 超过7层的单元式住宅和超过6层的塔式住宅、通廊式住宅及底层设有商业网点的单元式住宅。

(5) 超过5层或体积超过10000m^3的其他民用建筑。

(6) 国家级文物保护单位的重点砖木或木结构的古建筑。

(7) 各类高层民用建筑。

(8) 使用面积超过300m^2，用作商场、医院、展览厅、体育场、旱冰场、舞厅、电子游艺厅的人防工程；使用面积超过450m^2，用作餐厅、丙类和丁类生产车间、丙类和丁类物品库房的人防工程以及用作礼堂、电影院和消防电梯间前室的人防工程。

4. 答：(1) 保证同层有两支水枪的充实水柱（即水枪射流中密实的、有足够力量扑灭火灾的那段水柱）同时到达室内任何部位。只有建筑高度不高于24m且体积不大于5000m^3的库房，可采用一支水枪的充实水柱到达室内任何部位。水枪的充实水柱长度应由计算确定，一般不应小于7m，但超过6层的民用建筑、超过4层的厂房和库房内，不应小于10m。

(2) 合并系统中，消火栓立管应独立设置，不能与生活给水立管合用。

(3) 低层建筑消火栓给水立管直径不小于50mm，高层建筑消火栓给水立管直径不小于100mm。

(4) 消火栓应设在明显的、易于取用的位置，如楼梯间、走廊及消防电梯前室等处，栓口距安装地面处的高度为1.1m，消火栓开口应朝下或与墙面垂直。

(5) 同一建筑内应采用相同规格的消火栓、水龙带和水枪。

5. 答：一是在火灾发生后自动进行喷水灭火，二是能发出警报。

6. 答：湿式自动喷水灭火系统的工作原理：发生火灾时，火焰或高温气流使闭式喷头的热敏感元件动作，喷头开启，喷水灭火。此时，管网中的水由静止变为流动，使水流指示器动作送出电信号，在报警控制器上指示某一区域已在喷水。由于喷头开启持续喷水泄压造成湿式报警阀上部水压低于下部水压，在压力差的作用下，原来处于关闭状态的湿式报警阀就自动开启，压力水通过报警阀流向灭火管网，同时打开通向水力警铃的通道，水流冲击水力警铃发出声响报警信号。控制中心根据水流指示器或压力开关的报警信号，自动启动消防水泵向系统加压供水，达到持续自动喷水灭火的目的。

湿式系统的特点是：①结构简单，施工、管理方便；②经济性好；③灭火速度快，控制率高；④ 适用范围广，适用于设置在室内温度不低于 4℃且不高于 70℃的建筑物、构筑物内。

7. 答：在预作用阀以后的管网中平时不充水，而充加压空气或氮气，或是无压气体，只有在发生火灾时，火灾探测系统自动打开预作用阀，才使管道充水变成湿式系统，可避免因系统破损而造成的水渍损失；同时它又没有干式自动喷水灭火系统必须待喷头动作后排完气才能喷水灭火、导致延迟喷头喷水时间的缺点；系统有早期报警装置，能在喷头动作之前及时报警，以便及早组织扑救。系统将湿式喷水灭火系统与电子报警技术和自动化技术紧密结合，使系统更完善和安全可靠，从而扩大了系统的应用范围。

8. 答：(1) 充足的水源和加压泵能供应全部喷头足够的有压喷水量。

(2) 能够为各种探测系统开启和人为或遥控方式开启雨淋阀。

(3) 有合格的电动、水动或气动探测系统，在探知火灾发生后，能立刻开启雨淋阀。

(4) 雨淋管网主管可以设计成预充水湿管系统，充满无压水，但必须有溢流措施，以保证平时没有水从喷头溢出。

(5) 雨淋管网必须保护整个保护区面积，并装上开式喷头，受保护面积内，常温不应低于 4℃。

(6) 传动管路用闭式喷头或用易熔锁封闭有压水流，使在整个保护面积内的任何处发生火灾后，均能使管路泄压。

9. 答：消防供水水源包括市政消防给水水源、天然水源和消防水池等。符合下列规定之一时，应设置消防水池：

(1) 当生产、生活用水量达到最大时，市政给水管道、进水管或天然水源不能满足室内外消防用水量；

(2) 市政给水管道为枝状或只有 1 条进水管，且室内外消防用水量之和大于 25L/s（二类高层住宅建筑除外）。

10. 答：灭火的机理可以归纳为冷却、窒息、隔离和化学抑制。前三种主要是物理过程，后一种是化学过程。

(1) 冷却灭火。可燃物能够持续燃烧，原因之一就是它们在火焰或热的条件下达到了各自的燃点。因此，将灭火剂直接喷射到燃烧物上，以降低燃烧物的温度，当燃烧物的温度降低到该物的燃点以下时，燃烧就停止了；或者将灭火剂喷洒在火源附近的可燃物上，使其温度降低，防止辐射热影响而起火。

(2) 窒息法。阻止空气流入燃烧区或用不燃烧的物质冲淡空气，使燃烧物得不到足够的氧气而熄灭。实际运用时，如用石棉毯、湿麻袋、湿棉被、湿毛巾被、黄沙、泡沫等不燃或难燃物质覆盖在燃烧物上；用水蒸气或二氧化碳等惰性气体灌注容器设备；封闭起火的建筑和设备的门窗、孔洞等。

(3) 隔离法。将着火的地方或物体与其周围的可燃物隔离或移开，燃烧就会因为缺少可燃物而停止。实际运用时，如将靠近火源的可燃、易燃、助燃的物品搬走；把着火的物件移到安全的地方；关闭电源、可燃气体、液体管道阀门，中止和减少可燃物质进入燃烧区域；拆除与燃烧着火物毗邻的易燃建筑物等。

(4) 化学抑制法。物质在有焰燃烧中发生的氧化反应是通过链式反应进行的，产生大量的自由基。如果灭火剂能抑制自由基的产生，降低自由基浓度，链式反应终止，火灾即可被扑灭。

11. 答：(1) 室外消火栓应沿道路设置。当道路宽度大于 60m 时，宜在道路两边设置消火栓，并宜靠近十字路口。

(2) 甲、乙、丙类液体贮罐区和液化石油气贮罐区的消火栓应设置在防火堤或防护墙外。距罐壁 15m 范围内的消火栓，不应计算在该罐可使用的数量内。

(3) 室外消火栓的间距不应大于 120m。

(4) 室外消火栓的保护半径不应大于150m，在市政消火栓保护半径150m以内，当室外消防用水量小于等于15L/s时，可不设置室外消火栓。

(5) 室外消火栓的数量应按其保护半径和室外消防用水量等综合计算确定，每个室外消火栓的用水量应按10～15L/s计算；与保护对象的距离在5～40m范围内的市政消火栓，可计入室外消火栓的数量内。

(6) 室外消火栓宜采用地上式消火栓。地上式消火栓应有1个*DN*150mm或*DN*100mm和2个*DN*65mm的栓口。采用室外地下式消火栓时，应有*DN*100mm和*DN*65mm的栓口各1个。寒冷地区设置的室外消火栓应有防冻措施。

(7) 消火栓距路边不应大于2m，距房屋外墙不宜小于5m。

(8) 工艺装置区内的消火栓应设置在工艺装置的周围，其间距不宜大于60m。当工艺装置区宽度大于120m时，宜在该装置区内的道路边设置消火栓。

12. 答：(1) 与水混合引起剧烈反应的物质及与水反应后发生危险的物质。

(2) 没有适当的溢流设备或没有排水设施的无盖容器。

(3) 装有加热运转温度120℃以上的可燃性液压无盖容器。

(4) 高温物质和蒸馏时容易蒸发的物质，其沸腾后溢流出来的物质会造成危险情况时。

(5) 对于运行时表面温度在260℃以上的设备，当直接喷射会引起严重损坏设备的情况时。

13. 答：①灭火时间短、效率高，对石油及石油产品的灭火效果较好；②绝缘性能好，可扑救带电气设备火灾；③对人畜无毒或低毒，对环境不会产生危害；④灭火后，对机器设备的污染较小；⑤不受电源限制；⑥能长距离输送，设备能远离火区；⑦寒冷地区使用不需防冻；⑧灭火剂可以长期贮存；⑨适用于缺水地区。

14. 答：(1) 应设置在明显的地点。所谓明显地点，一般来说，是指正常的通道，包括房间的出入口处、走廊、门厅及楼梯等地点。

(2) 应设置在便于人们取用（包括不受阻挡和碰撞）的地点。

(3) 灭火器的设置不得影响安全疏散。

(4) 在大型房间内或视线受障碍的地方应设置明显的指示标志。

(5) 灭火器应设置稳固，手提式灭火器（包括设置手提式灭火器时的附件）要防止发生跌落等现象，推车式灭火器不要设置在斜坡和地基不结实的地点，以免造成灭火器不能正常使用或伤人事故。

(6) 灭火器的铭牌必须朝外，以便于使用时能直接看到灭火器的主要技术性能指标及使用说明等。

(7) 手提式灭火器宜设置在挂钩、托架上或灭火器箱内，其顶部离地面高度小于1.50m，底部离地面高度不宜小于0.15m。

(8) 灭火器不应设置在潮湿或有腐蚀性气体的地点。

(9) 设置在室外的灭火器应采取保护措施。

15. 答：由于目前我国登高消防车的工作高度约24m，消防云梯一般为30～48m，普通消防车通过水泵接合器向室内消防系统输水的供水高度约50m，因此发生火灾时建筑的高度部分已无法依靠室外消防设施协助救火，所以高层建筑消防给水设计应立足“自救”，即立足于室内消防来扑救火灾。这是高层建筑消防与多层、低层建筑消防的主要区别，也是高层建筑消防的核心。但高层建筑发生火灾时，为尽快灭火，减少损失，仍应充分利用和发挥室外消防设施的救火能力，“自救”、“外救”协同工作，提高灭火效率。一般高度在24m以下的裙楼在“外救”的能力范围内，应以“外救”为主；高度在24～50m的部位，室外消防设施仍可以通过水泵接合器升压送水，应立足“自救”并借助“外救”，二者同时发挥作用；50m以上部位，已超过了室外消防设施的供水能力，则应完全依靠“自救”灭火。

6.5 计算题

1. 答：$Q=26\text{L/s}$，$v=1.5\text{m/s}$，则

$D=\sqrt{4Q/(\pi v)}=\sqrt{4\times 26\times 10^{-3}/(\pi\times 1.5)}=0.149\text{m}=149\text{mm}$，取*DN*150mm。

2. 答：考虑本车库的防火等级为中危Ⅱ级，喷水强度为8L/(min·m²)，每个喷头的保护面积为：$8.4\times 8.4/9=7.84\text{m}^2$，$q=8\times 7.84=62.72\text{L/min}$

根据公式$q=K\sqrt{10H}$得

$$H=\frac{q^2}{10K^2}=\frac{62.72^2}{10\times 80^2}=0.060\text{MPa}$$

7 建筑排水系统

7.1 填空题

1. 建筑排水系统由以下部分组成______、______、______、______、______、______。

2. 建筑排水系统按排除的污、废水种类不同，可分为以下三类：__________、__________、__________。

3. 建筑内部排水体制分为________、________两种。

4. 存水弯有_______、_______和_______三种类型。

5. 当排水温度高于________时必须降温后才能排入城市下水道，降温处理可采用________；公用厨房间的排水需经________处理。

6. 排水系统中，检查口安装在_______上，清扫口安装在_______上。

7. 一个排水当量的排水流量是一个给水当量额定流量的_______倍。

8. 化粪池是一种具有_______、_______、_______和_______等优点的局部处理生活污水构筑物。

9. 排水横管水力计算设计规定有________、________、________。

10. 排水立管上的检查口距地面的高度为________m；安装在横管上的距离一般为______m。

11. UPVC 排水管线膨胀系数较大，可采用设置_______的办法以解决热胀冷缩问题。

12. 污废水提升时，集水池容积不宜小于最大一台污水泵________的出水量。

13. 在连接________以上的大便器的塑料排水横管上、连接________以上的大便器或________以上卫生器具的铸铁排水横管上，宜设清扫口。

14. 铸铁排水立管上检查口之间的距离不宜大于______，塑料排水立管宜每______层设置一个检查口。立管上设置检查口，应在地（楼）面以上______，并应高于该层卫生器具上边缘______。

15. 排水立管中水流变化主要经过________、________和________3 个阶段，对应的排水立管的充水率 α 分别为________、________和________。

16. 消防电梯集水池内的排水泵流量不小于________，消防电梯井集水池的有效容积不得小于________。

17. 跑气器和混合器配套使用形成__________，角笛式弯头和环流器配套使用形成__________，大曲率导向弯头和侧流器配套使用形成__________。

18. 塑料排水立管与家用灶具边净距不得小于________m。塑料排水管在管道表面受热温度________℃时，应采取隔热措施。

19. 伸顶通气管高出屋面不得小于__________m，且应大于最大积雪厚度，在经常有人停留的平屋面上，通气管口应高出屋面__________m；

20. 专用通气立管和主通气立管的上端可在最高层卫生器具上边缘以上__________m 或检查口以上与排水立管通气部分以__________连接。下端应在最低排水横支管以下与排水立管以__________连接。

21. 连接__________以上卫生器具且横支管的长度大于__________m 的排水横支管；连接__________以上大便器的污水横支管的排水管段应设置环形通气管。

22. 建筑内部污废水排水系统通气方式分为____________、________和________。

23. 大便器排水管最小管径不得小于____________mm；建筑物内排出管最小管径不得小于____________mm；多层住宅厨房间的立管管径不宜小于____________mm。

24. 压力流排水系统靠压力让污水流动，是在卫生器具排水口下装设了____________。

25. 真空排水系统中真空泵站由________、________、________及________等组成。

7.2 单项选择题

1. 生活废水不包括（　　）。

A. 盥洗后排水　　B. 粪便污水　　C. 淋浴后排水　　D. 洗涤后排水

2. 洗脸盆盥洗槽、浴盆、淋浴器和净身盆属于（　　）卫生器具。

A. 便溺用　　B. 洗涤用　　C. 盥洗淋浴用　　D. 其他

3. 当用排水沟排水时，（　　）个淋浴器可设置 1 个直径为（　　）的地漏。

A. 8　100mm　　B. 4　50mm　　C. 6　75mm　　D. 3　50mm

4. 为了排水通畅，防止管道堵塞，保障室内环境卫生，规定建筑物内部排出管的最小管径为（　　）。

A. 50mm　　B. 75mm　　C. 100mm　　D. 150mm

5. 建筑排水塑料管排水横支管的标准坡度应为（　　）。

A. 0.004　　B. 0.026　　C. 0.003　　D. 0.0035

6. 现在有的排水塑料管内壁有凸起的螺旋状导流线，其主要目的是（　　）。

A. 增大内壁粗糙系数，增加水舌的形成

B. 加大水流速度，从而增加通水能力

C. 有助于附壁水膜流的稳定，并形成管中通气通道，增大通水能力

D. 延缓水膜流和水塞流的形成

7. 公共食堂厨房内的污水采用管道排除时，其管径比计算管径大一级，其干管管径和支管管径分别为（　　）。

A. 100mm　75mm　　B. 75mm　50mm

C. 50mm　50mm　　D. 125mm　100mm

8. 当两根或两根以上污水立管的通气管汇合连接时，汇合通气管的断面积应不小于最大一根通气管的断面积与（　　）的其余通气管断面积之和。

A. 0.25 倍　　B. 2 倍　　C. 0.5 倍　　D. 0.2 倍

9. 建筑排水塑料管排水横支管的标准坡度应为（　　）。

A. 0.004　　B. 0.0035　　C. 0.003　　D. 0.026

10. 存水弯的作用是在其内形成一定高度的水封，水封的主要作用是（　　）。

A. 通气作用　　B. 加强排水能力

C. 阻止有毒有害气体或虫类进入室内　　D. 意义不大

11. 室内排水管道的附件主要指（　　）。

A. 管径　　B. 坡度　　C. 存水弯　　D. 流速

12. 下列哪一个情况排水系统应设环形通气管？（　　）

A. 连接 4 个及 4 个以上卫生器具的横支管和长度大于 12m 的排水横支管

B. 连接 4 个及 4 个以上卫生器具的横支管

C. 连接 7 个及 7 个以上大便器具的污水横支管

D. 对卫生、噪音要求较高的建筑物内不设环形通气管，仅设器具通气管

13. 下列对建筑物内生活排水通气管管径的叙述哪项不符合要求？（　　）

A. 通气管的管径不宜小于排水管管径的 1/2

B. 结合通气管的管径不宜小于通气管立管的管径

C. 通气立管的长度在 50m 以上时其管径应与排水立管管径相同

D. 连接两根排水立管的通气立管，若长度≤50m 时，其管径可比排水立管管径缩小两级

14. 某建筑物内的生活给水系统，当卫生器具给水配水处的静水压力超过规定值时，宜采用哪种措施？（　　）

A. 水锤吸纳器　　B. 排气阀

C. 水泵多功能控制阀　　D. 减压限流

15. 某三层住宅的排水立管仅设置伸顶通气管，排水立管的最低排水横立管与立管连接处距立管管底的垂直距离，下列数据中哪项不符合要求？（　　）

A. 0.35m　　B. 0.45m　　C. 0.75m　　D. 1.20m

16. 下列关于建筑物内排水管道的布置原则哪项不符合规定？（　　）

A. 排水管道不得布置在遇水会引起燃烧或爆炸的原料、产品或设备的上方

B. 当条件限制不能避免时，采取防护措施的排水管道可以布置在食堂、饮食业厨房的主副食操作、烹调、备餐处的上方

C. 当受条件限制不能避免时，排水管道可以穿越生活饮用水池部位的上方

D. 住宅卫生间的卫生器具排水管不宜穿越楼板进入他户

17. 在设有（　　）的淋浴室应设直径为 100mm 地漏。

A. 1～2 个淋浴器　　B. 3 个淋浴器

C. 4～5 个淋浴器　　D. 6～7 个淋浴器

18. 某三层车间，每层设置男、女卫生间各一个，每个男卫生间配置自闭式冲水阀大便器，自闭式冲洗阀小便器各三套，洗手盆两套，污水池一套；每个女卫生间配置自闭式冲水阀大便器三套，洗手盆两套，污水池一套，排水系统共设一根伸顶通气的铸铁排水立管，该排水立管的管径宜采用（　　）。

A. DN50mm　　B. DN75mm

C. DN100mm　　D. DN125mm

19. 为避免房顶出现淹水现象，某建筑屋面排水天沟末端的山墙上开有一个溢流口，口宽 0.6m，口高 0.4m，堰上水头 0.2m，该溢流口排水量的计算值最接近下列哪项？（　　）

A. 52.3L/s　　B. 76.1L/s　　C. 99.8L/s　　D. 215.2L/s

20. 下面对单立管排水系统的叙述哪项是正确的？（　　）

A. 当排水管段设置环形通气管时，可采用螺旋管设计成伸顶通气的单立管排水系统

B. 无伸顶通气管的单立管排水系统，其排水能力按立管工作高度和立管管径确定

C. 采用没有螺旋器特殊配件单立管排水系统，可不设置伸顶通气管

D. 有伸顶通气管的单立管排水系统，排水立管可以穿过屋面或伸入风道与大气连通

21. 下列卫生间内大便器的选择，哪一项选用不当？（　　）

A. 集体宿舍和公用厕所内宜选用高水箱蹲式大便器

B. 建筑标准高，要求噪声低的卫生间内，应选用虹吸落式坐便器

C. 选用一次冲洗水量不大于 6L 的住宅坐式大便器

D. 幼儿园内不宜选用加长型坐式大便器

22. 某 28 层办公楼，卫生间排水系统见图 7-1，采用机制排水铸铁管，该建筑系数 α=2.5，设置专用通气立管，排出管设计充满度为 0.6，以下给出的各管段管径及排出管坡度正确值应为哪项？（　　）

A. ab 段：DN50mm、通气立管（T）：DN100mm、ef 段：DN150mm、坡度：i=0.015

B. ab 段：DN75mm、通气立管（T）：DN100mm、ef 段：DN150mm、坡度：i=0.02

C. ab 段：DN75mm、通气立管（T）：DN75mm、ef 段：DN150mm、坡度：i=0.02

D. ab 段：DN75mm、通气立管（T）：DN100mm、ef 段：DN150mm、坡度：i=0.015

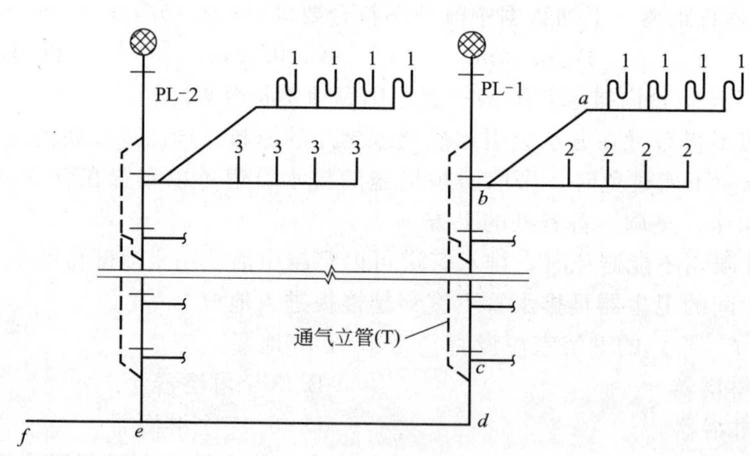

图 7-1　题 22 图

1—自闭式冲洗阀小便器；2—自闭式冲洗阀大便器；3—虹吸式大便器

23. 以下有关给水排水系统专用通气管作用的叙述中，哪一项是错误的？（　　）

A. 污水管道中的有害气体可以通过通气管排至屋顶释放

B. 可提高排水立管的排水能力

C. 可平衡室内排水管道中的压力波动，防止水封破坏

D. 可替代排水系统中的伸顶通气管

24. 根据图 7-2 试述住宅 A 及所在小区的排水体制应为以下哪项？（　　）

编号	住宅 A	小区
A	合流制	分流制
B	分流制	分流制
C	合流制	合流制
D	分流制	合流制

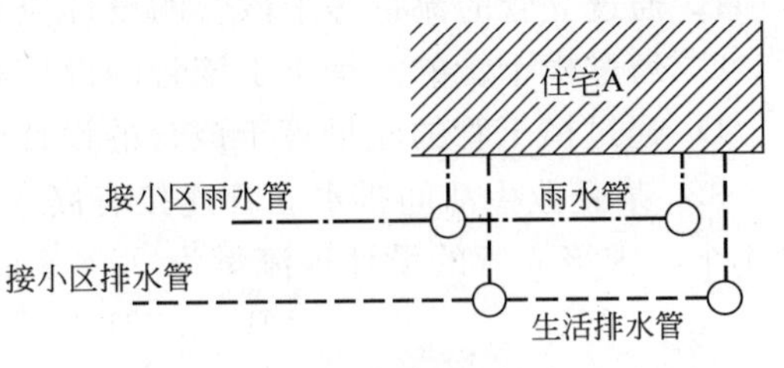

图 7-2　题 24 图

25. 下列有关排水管材选择的叙述中，哪项不符合规范要求？（　　）

A. 多层建筑重力流雨水排水系统宜采用建筑排水塑料管

B. 设有中水处理站的居住小区排水管道应采用混凝土管

C. 加热器的泄水管应采用金属管或耐热排水塑料管

D. 建筑内排水管安装在环境温度可能低于0℃的场所时，应选用柔性接口机制排水铸铁管

26. 某工厂高温车间有职工 170 人，分三班工作，每班 8h，早、中、晚班职工人数分别为 70 人、60 人、40 人。该车间职工生活污水定额为 35L/(人·班)。该车间的生活污水设计流量为（　　）。

A. 0.172L/s　　B. 0.213L/s　　C. 0.255L/s　　D. 0.516L/s

27. 某建筑铸铁管排水系统有 3 根直径分别为 *DN*50mm、*DN*75mm、*DN*100mm 的污水立管，需汇总后伸出屋面。则汇合后总伸顶通气管的最小管径为（　　）。

A. *DN*75mm　　B. *DN*100mm　　C. *DN*125mm　　D. *DN*150mm

28. 某体育场运动员休息室的排水立管连接有洗涤盆及低水箱冲落式大便器各 2 个、洗手盆 4 个，求该立管的设计秒流量为（　　）。

A. 0.66L/s　　B. 1.50L/s　　C. 0.90L/s　　D. 2.34L/s

29. 某 10 层医院卫生间的铸铁排水立管共连接有 10 个污水盆和 10 个洗手盆，其上方设有伸顶通气管，则该立管的管径应不小于（　　）。

A. *DN*50mm　　B. *DN*75mm　　C. *DN*100mm　　D. *DN*150mm

30. 在水流偏转角度大于（　　）的排水横支管上，应设检查口或清扫口。

A. 90°　　B. 135°　　C. 45°　　D. 180°

31. 某全托托老所生活污水汇集到地下室污水调节池后，由污水泵提升排出。根据选泵要求确定污水泵的流量为 2.5m³/h，求污水调节池最大有效容积为（　　）。

A. 0.21m³　　B. 2.5m³　　C. 7.5m³　　D. 15m³

32. 以下有关建筑排水系统组成的要求中，哪项是不合理的？（　　）

A. 系统中均应设置清通设备

B. 与生活污水管井相连的各类卫生器具的排水口均需设置存水弯

C. 建筑标准要求高的高层建筑的生活污水立管宜设置专用通气立管

D. 生活污水不符合直接排入市政管网要求时，系统中应设局部处理构筑物

33. 某建筑内两根长 50m，直径分别为 *DN*100mm、*DN*75mm 的排水立管共用一根通气立管，则该通气立管的管径应为（　　）。

A. 50mm　　B. 75mm　　C. 100mm　　D. 125mm

34. 下列有关建筑重力流排水系统的立管、横管通过不同流量管内流态变化的叙述中，哪一项是不正确的？（　　）

A. 通过立管的流量小于该管的设计流量时，管内呈非满流状态

B. 通过立管的流量等于该管的设计流量时，管内呈满流状态

C. 通过横干管的流量小于该管的设计流量时，管内呈非满流状态

D. 通过横干管的流量等于该管的设计流量时，管内仍呈非满流状态

35. 某企业生活间排水立管连接有高水箱大便器 8 个，自闭式冲洗阀小便器 8 个，洗手盆 4 个，求该立管的设计秒流量为（　　）。

A. 1.66L/s　　B. 1.72L/s　　C. 3.00L/s　　D. 3.88L/s

36. 公共食堂厨房内的污水采用管道排除时，其管径比计算管径大一级，其干管管径和支管管径分别为（　　）。

A. 50mm　50mm　　B. 75mm　50mm　　C. 100mm　75mm　　D. 125mm　100mm

37. 某医院住院部公共盥洗室内设有伸顶通气的铸铁排水立管，其上连接污水盆 2 个，洗手盆 8 个，则该立管的最大设计秒流量 q 和最小管径 DN 应为下列何项？（　　）

A. q=0.96L/s，DN50mm　　B. q=0.96L/s，DN75mm

C. q=0.63L/s，DN50mm　　D. q=0.71L/s，DN75mm

38. 下列排水方式中，哪项错误？（　　）

A. 某办公楼 1～12 层的卫生间设环形通气排水系统，首层卫生间排水接入排水立管

B. 生活饮用二次供水贮水池设于首层，水池溢流管（DN150mm）接入室外排水检查井，其内底高于检查井设计水位 300mm

C. 住宅的厨房设置专用排水立管，各层厨房洗涤盆排水支管相连接

D. 办公楼职工餐厅厨房地面设排水明沟，洗碗机、洗肉池的排水排入该明沟

39. 某建筑的排水系统如图 7-3 所示，各层排水横支管通过 45°斜三通与排水立管连接，则其排水立管的最大设计排水能力应为（　　）。

A. 3.2L/s　　B. 4.0L/s　　C. 4.4L/s　　D. 5.5L/s

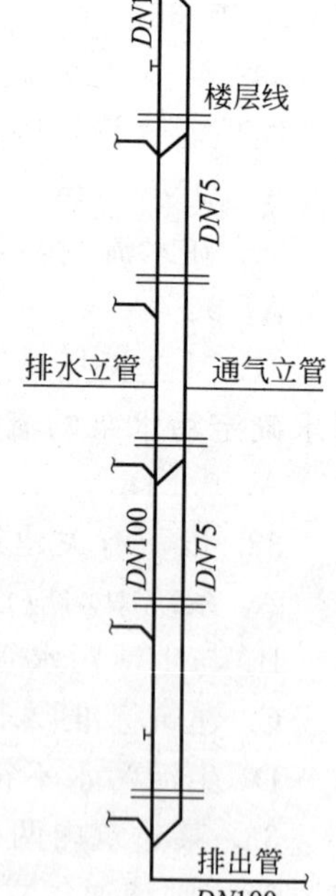

图 7-3　题 39 图

40. 下列关于通气管和水封的叙述中，哪些错误？（　　）

A. 虹吸式坐便器利用自虹吸排除污水，因此自虹吸不会破坏水封

B. 结合通气管宜每层与排水立管和专用通气立管连接

C. 活动机械密封会产生漏气，不能替代水封

D. 通气管道不能确保存水弯水封安全

41. （　　）以上高层建筑的生活污水立管宜设置专用通气立管。

A. 10 层　　B. 12 层　　C. 14 层　　D. 16 层

42. 下列哪项污水可不进行局部处理直接排入城镇污水管网？（　　）

A. 机械自动洗车台污水　　B. 实验室有害有毒废水

C. 居住小区住户厨房污水　　D. 疗养病院的污水

43. 下列建筑排水管最小管径的要求，哪一项是正确的？（　　）

A. 建筑内排水管最小管径不得小于 75mm

B. 公共食堂厨房污水排水支管管径不得小于 100mm

C. 医院污水盆排水管管径不得小于 75mm

D. 小便槽的排水支管管径不得小于 100mm

44. 一幢 12 层宾馆，层高 3.3m，两客房卫生间背靠背对称布置并共用排水立管，每个卫生间设浴盆、洗脸盆、冲落式坐便器各一只。排水系统污、废水分流，共用一根通气立管，采用柔性接口机制铸铁排水管。则污水立管的最小管径应为（　　）。

A. DN50mm　　B. DN75mm　　C. DN100mm　　D. DN125mm

45. 如图 7-4 所示为哈尔滨市（最冷月平均气温低于－13℃）某幢 20 层、层高 3.3m 的办公楼排水系统。试问该系统汇合通气管各管段的合理管径为下列哪项？（　　）

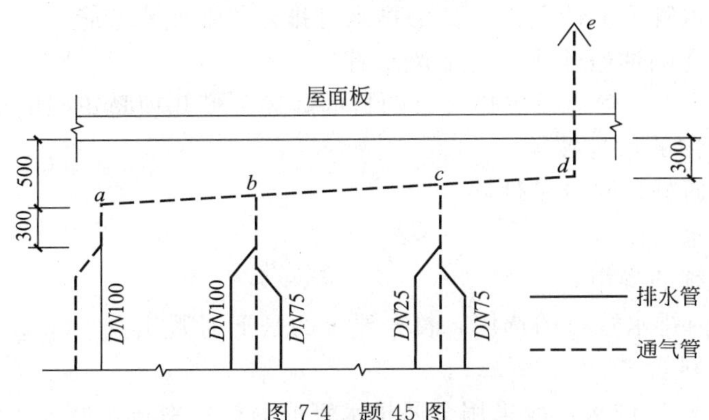

图 7-4　题 45 图

汇合通气管各管段管径 D　　mm

	ab	bc	cd	de		ab	bc	cd	de
A	100	125	175	200	C	100	125	150	150
B	100	125	150	175	D	75	100	125	150

46. 某 21 层办公室，每层设有一个卫生间，其中男厕所卫生间器具配置如下：冲洗水箱坐便器 2 个、感应冲洗小便器 4 个、洗水盆 2 个、污水池 1 个。排水系统采用污、废分流制，分别设一根污水排水立管、一根废水排水立管，首层及二层单独排出。则其污水排水立管的设计秒流量应为（　　）（α 取 2.5）。

A. 4.18L/s　　B. 5.68L/s　　C. 5.78L/s　　D. 6.11L/s

47. 专用通气立管每隔____层、主通气立管宜每隔____层设置结合通气管与排水立管连接。（　　）

A. 1　8～9　　B. 2　8～10　　C. 3　10～11　　D. 4　11～12

48. 某 8 层办公楼，每层设有一个卫生间，排水系统采用污、废分流制，排水管道采用 UPVC 塑料排水管，经计算废水排水立管和污水排水立管的设计秒流量分别为 2.1L/s 和 5.7L/s。如废、污水排水立管与横支管均采用 45°斜三通连接且仅设伸顶通气管，则其最经济的污水排水立管管径应为（　　）。

A. De100mm　　B. De110mm　　C. De150mm　　D. De160mm

49. 排水系统设计的最基本要求是（　　）。

A. 排水噪声低　　B. 管道布置合理

C. 防止有毒有害气体进入室内　　D. 将污、废水迅速畅通排至室外

50. 排水横管设计流量应为（　　）。

A. 设计秒流量　　B. 最大时流量　　C. 平均流量　　D. 平均时流量

7.3　多项选择题

1. 建筑排水系统采用分流制还是合流制，应根据诸多因素确定，下列叙述哪几项符合

要求？（　　）

A. 当城市有污水处理厂时，生活废水与生活污水宜合流排出

B. 当城市无污水处理厂时，生活废水一般与生活污水分流排出

C. 在无生活排水管道的情况下，沐浴排水可排入工业废水管道

D. 粪便污水可在隔油池前排入含油废水管道

2. 下列有关生活排水管道设置通气管的目的叙述，哪几项是正确的？（　　）

A. 防止存水弯内的水封破坏

B. 使系统排水通畅，水流条件好

C. 降低生活污水的温度

D. 减少排水系统的噪声

3. 对于建筑物内排水管材的选用，符合要求的是下列哪几项？（　　）

A. 建筑排水塑料管

B. 温度大于 40℃的排水，应采用金属排水管或耐热塑料排水管

C. 柔性接口机制排水铸铁管

D. 承插式刚性接口排水铸铁管

4. 建筑内部排水定额有两种，主要是：（　　）。

A. 以每人每日为标准　　B. 以卫生器具为标准

C. 以地区生活习惯为标准　　D. 以建筑内卫生设备完善程度为标准

5. 以下塑料排水管道布置的叙述中哪几项是不正确？（　　）

A. 埋地管道不应设置伸缩节

B. 高层建筑中，立管明设且其管径大于或等于 110mm 时，在立管穿越楼板处的楼板下面设置防火套管

C. 塑料排水立管设置在热源附近时，当管道表面受热温度大于 60℃时，应采用隔热措施

D. 排水横管应设置专门伸缩节，其位置设于水流汇合管件下游

6. 下列建筑排水系统的分类叙述中，哪几项是错误的？（　　）

A. 合流制排水系统是汇合排除建筑物内污水和屋面雨水的排放系统

B. 分流制排水系统是不同性质或污染程度不同的污水单独排放的排水系统

C. 生活污水系统是排除建筑物内污水和废水的系统

D. 工业废水排水系统是排除生产污水和生产废水的河流系统

7. 化粪池的容积主要包括（　　）。

A. 标准容积　　B. 污水容积　　C. 有效容积　　D. 保护容积

8. 以下排水立管中流量、流态与流速、压力间相互关系的叙述中哪几项是错误的？（　　）

A. 当排水立管中的流量达到最大允许值时，水流速度随管长的增加而加大

B. 当排水立管中出现水膜流时，管内无压力波动

C. 当排水立管中出现水塞流时，管内压力波动增大

D. 当排水立管通过的流量较大时，立管底部会出现正压，其值随流量的增加而加大

9. 环形通气管与通气立管应在卫生器具上边缘以上不少于 0.15m 处按不小于 0.01 的上升坡度与通气立管相连，其主要原因为下列哪几项？（　　）

A. 便于管道的施工维护　　B. 便于发现管道堵塞

C. 利于防止污水进入通气管　　D. 利于立管向横支管补气

10. 某盥洗室排水横支管的设计秒流量为0.41L/s，选用DN500mm排水铸铁管，下列哪几项的i值不能作为确定其坡度的依据？（　　）

A. i=0.01　　B. i=0.015　　C. i=0.025　　D. i=0.035

11. 下列不同场所地漏的选用中，哪几项是正确合理的？（　　）

A. 地下通道选用防倒流地漏

B. 公共食堂选用网框式地漏

C. 地面不经常排水的场所选用直通式地漏

D. 卫生标准要求高的场所选用密闭式地漏

12. 下列哪些排水管不能与污、废水管道系统直接连接？（　　）

A. 食品库房地面排水管　　B. 锅炉房地面排水管

C. 热水器排水管　　D. 阳台雨水排水管

13. 下列哪几项措施对防止污废水进入建筑排水系统通气管是有效的？（　　）

A. 将环形通气管在排水横支管始端的两个卫生器具间水平向接出

B. 将环形通气管在排水横支管在排水横支管中心线以上垂直接出

C. 将结合通气管与通气管的连接点置于卫生器具上边缘以上不小于0.15m处

D. 控制伸顶通气管高出屋面的距离不小于0.3m且大于当地积雪厚度

14. 下列关于排水当量的叙述中，哪几项错误？（　　）

A. 大便器冲洗阀的排水量受给水压力影响

B. 6个排水当量的累加流量等于2.0L/s

C. 浴盆的排水当量比大便器的排水当量小

D. 淋浴器的排水当量对应的流量与其给水当量对应的流量相同

15. 某高层住宅排水系统按下列要求设计，哪几项错误？（　　）

A. 厨房专用排水立管可不设置通气立管

B. 厨房排水排入隔壁卫生间的洗浴废水立管

C. 厨房排水可不经隔油处理直接排入室外污水管网

D. 厨房应设置地漏

16. 下列哪几项是排水通气管的主要作用？（　　）

A. 保护卫生器具水封　　B. 增加立管内水流速度

C. 为室内卫生间透气　　D. 增加排水立管的排水能力

17. 一栋设有地下室的九层住宅，卫生间采用DN110mm塑料排水立管，厨房采用DN75mm塑料排水立管，立管均明设。下列哪几项排水设计正确？（　　）

A. 卫生间排水立管穿楼板可不设防火套管

B. 排水立管在地下室与排出管的连接处设支墩

C. 阳台的雨水排入厨房排水立管中

D. 排水立管管段连接采用橡胶密封圈，立管上可不设伸缩节

18. 下列有关建筑排水系统通气管、清扫口的管径选择，哪几项是正确的？（　　）

A. 排水管道上设置的清扫口，其尺寸应与排水管道同径

B. 排水横管连接清扫口的连接管径应与清扫口同径

C. 通气立管的管径应与排水立管同径

D. 非寒冷地区伸顶通气管的管径宜与排水立管同径

19. 建筑排水系统采用硬聚氯乙烯排水管，下列关于其伸缩节设置要求中，哪几项是错

误的？（　）

A. 排水横管上的伸缩节应设于水流汇合管件的下游端

B. 埋地排水管道上可不设伸缩节

C. 排水立管穿越楼层处为固定支承时，伸缩节应同时固定

D. 伸缩节插口应顺水流方向

20. 下列高层建筑消火栓系统的高位消防水箱设置高度的说明中，哪几项是错误的？（　）

A. 某高层办公楼从室外地面到檐口的高度为 100m，其高位消防水箱最低水位与最不利消火栓口≥7m

B. 某高层住宅从室内地面到檐口的高度为 10m，其高位消防水箱的设置高度应保证最不利消火栓处静水压≥7m

C. 某建筑高度为 120m 的旅馆，其高位消防水箱最高位至最不利消火栓口高度应大于等于 15m

D. 某建筑高度为 120m 的旅馆，其高位消防水箱最低水位至最不利消火栓栓口距离仅为 10m，应设增压装置

7.4 问答题

1. 什么是卫生器具的排水当量、排水设计秒流量、同层排水、间接排水、终限流速、终限长度？

2. 建筑物内排水管道布置应符合哪些要求？

3. 室内排水管道的连接应符合哪些规定？

4. 通气管的作用是什么？存水弯的作用是什么？常用的通气管有哪些？

5. 什么叫水封？水封破坏的原因是什么？

6. 简述同层排水系统的设置条件及要求。

7. 为什么一个排水当量比一个给水当量流量要大？

8. 试述单立管排水系统类型及适用条件。

9. 试述排水管最小管径要求。

10. 提高排水管道通水能力的措施有哪些？

11. 试述建筑内部排水流动特征。

12. 简述隔层排水缺点和同层排水的优点。

13. 为什么卫生器具的安装高度应满足《建筑给水排水设计规范》（GB 50015—2003）（2009 年版）规定的要求？

14. 排水管道系统的通水能力受到哪些因素的制约？

15. 化粪池的作用是什么？

16. 如何确定建筑内排水系统的立管、横管的管径？

17. 污水排入市政排水管网的一般要求是什么？

18. 排水管道水力计算的任务是什么？

19. 室内给排水工程设计应完成哪些图纸？各图纸分别反映哪些内容？

20. 当生活排水水质达不到排放标准时，应采取哪些局部处理措施？

21. 图 7-5 为医院不同功能房间的卫生器具排水系统示意，设计存在哪些问题，如何改进？

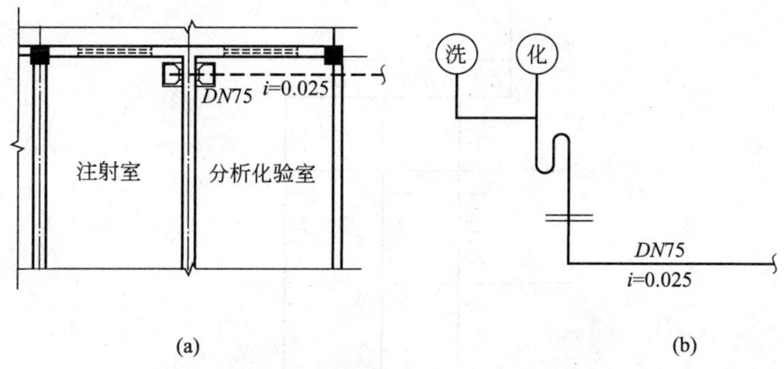

图 7-5 医院不同功能房间的卫生器具排水系统设计

22. 图 7-6 为某建筑物排水立管示意，设计存在哪些问题，如何改进？

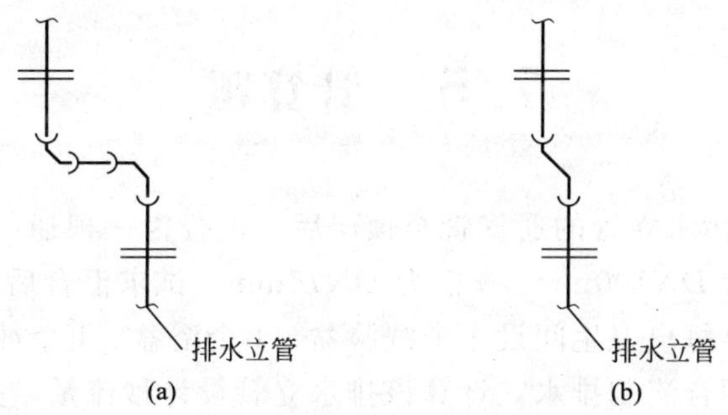

图 7-6 某建筑物排水立管设计

23. 图 7-7 为建筑物地下室重力排水示意，设计存在哪些问题，如何改进？

24. 图 7-8 为某高层民用建筑采用污水立管伸顶通气示意，设计存在哪些问题，如何改进？

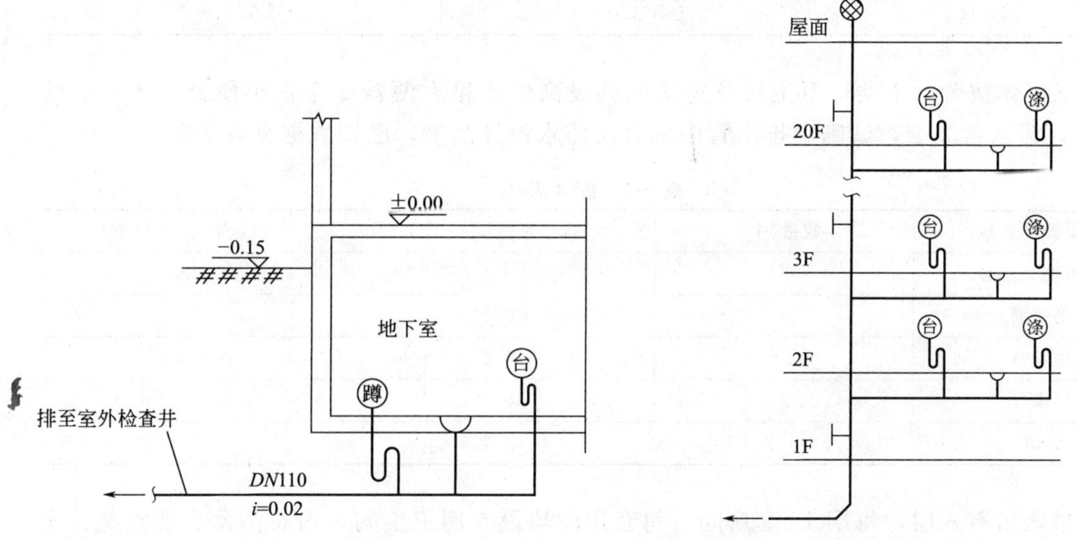

图 7-7 某建筑物地下室重力排水设计

图 7-8 某高层民用建筑污水立管伸顶通气设计

25. 图 7-9 为某建筑排水采用伸顶通气示意，设计存在哪些问题，如何改进？

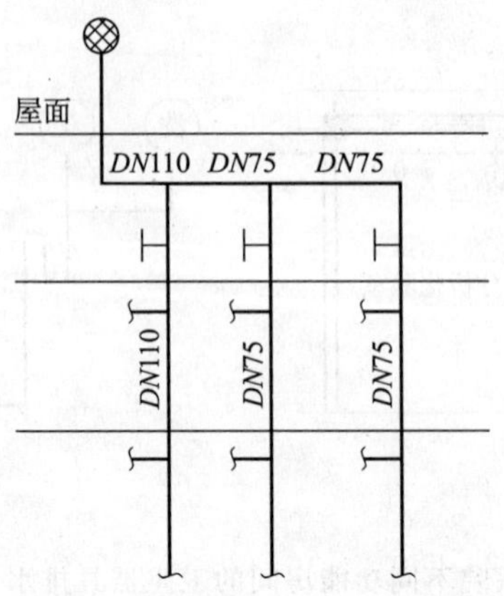

图 7-9 某建筑排水伸顶通气设计

7.5 计算题

1. 某工程中的 7 根污水立管的通气管至顶层后，汇合为一根通气管，7 根通气管中有 2 根为 DN150mm，3 根为 DN100mm，2 根为 DN75mm。试求汇合后的总通气管的管径。

2. 某 15 层住宅楼，每户卫生间设 1 个洗脸盆、1 个浴盆、1 个冲洗水箱式坐便器，1 层单独排出，2～10 层采用合流制排水，计算该排水立管设计秒流量，并确定管径。

3. 某集体宿舍（Ⅱ类）公共卫生间内排水支管连接 2 个洗手盆和 1 个污水盆。计算该支管的排水设计秒流量。已知条件见表 7-1。

表 7-1 题 3 表

名　　称	排水当量	额定流量
洗手盆	0.3	0.1 L/s
污水盆	1.0	0.33 L/s

4. 某集体宿舍（Ⅰ类）卫生间及盥洗间共设高位水箱大便器 8 个，小便器 3 个，洗脸盆 12 个，污水盆 2 个，试确定排出管中的合流污水设计流量，已知数据见表 7-2。

表 7-2 题 4 表

卫生器具名称	数量/个	排水量/(L/s・个)	当量数/(当量/个)
高水箱大便器	8	1.5	4.5
小便器	3	0.17	0.5
洗脸盆	12	0.25	0.75
污水盆	2	0.33	1.0
α 值	1.5		

5. 某旅馆有 6 层，每层 12 套房间。每套房间均设专用卫生间，内有浴盆、洗脸盆、坐便器各一件。室内排水系统拟使生活污水和生活废水分流排放，设 6 个竖井，每个竖井设置

两根排水立管，分别排放连接相邻两套房间的生活污水和生活废水。若 $\alpha=2.5$，浴盆、洗脸盆、坐便器的排水量分别是 1.0L/s、0.25L/s、2.0L/s，排水当量分别为 3.0、0.75 和 6.0。试计算：(1) 每根立管底部的设计秒流量；(2) 若排水立管为塑料管，仅设伸顶通气，试求排水立管的管径。

6. 某工业企业生活间设有 4 个高水箱蹲式大便器，15 个洗手盆，10 个无间隔淋浴器，1 个洗涤盆，1 个 3m 长的小便槽。计算总的排水设计秒流量。

7. 某洗衣房卫生间设有一个高水箱蹲式大便器、一个洗涤池，计算排出管设计秒流量。

8. 某宾馆污、废水采用分流制排水系统，经计算化粪池有效容积为 $60m^3$，采用三格化粪池，则每格有效容积分别为多少？

7.6 参考答案

7.1 填空题

1. 卫生器具和生产设备受水器　排水管道　通气系统　清通设备　提升设备　小型生活污水处理设施
2. 生活排水系统　工业废水排水系统　屋面雨水排水系统
3. 合流制　分流制
4. P　S　U
5. 40℃　降温池　隔油池
6. 立管　横管
7. 1.65
8. 结构简单　便于管理　不消耗动力　造价低
9. 最大设计充满度　管道坡度　最小管径
10. 1.0　12～15
11. 伸缩节
12. 5min
13. 4 个及 4 个　2 个及 2 个　3 个及 3 个
14. 10m　六　1.00m　0.15m
15. 附壁螺旋流　水膜流　水塞流　小于 1/4　1/4～1/3　大于 1/3
16. 10L/s　$2.0m^3$
17. 苏维脱排水系统　芯型排水系统　旋流排水系统
18. 0.4　>60
19. 0.3　2
20. 不小于 0.15　斜三通　斜三通
21. 4 个及 4 个　12　6 个及 6 个
22. 单立管排水系统　双立管排水系统　三立管排水系统
23. 100mm　50mm　75mm
24. 微型污染泵
25. 真空收集器（真空罐）　真空泵　排水泵　控制柜（箱）

7.2 单项选择题

1. B	2. C	3. A	4. A	5. B	6. C	7. A	8. A	9. D	10. C
11. C	12. A	13. D	14. D	15. A	16. C	17. C	18. C	19. B	20. B
21. B	22. B	23. D	24. A	25. B	26. B	27. C	28. B	29. B	30. B
31. C	32. A	33. C	34. B	35. B	36. C	37. B	38. B	39. C	40. B

41. A　42. C　43. C　44. C　45. B　46. B　47. B　48. D　49. D　50. A

7.3 多项选择题

1. ABC　2. ABD　3. ABC　4. AB　5. AD　6. AC　7. CD
8. AB　9. BCD　10. AB　11. ABD　12. ACD　13. BC　14. ACD
15. BD　16. AD　17. ACD　18. BD　19. AC　20. BC

7.4 问答题

1. 答：卫生器具的排水当量：以污水盆排水量 0.33L/s 为一个排水当量，将其他卫生器具的排水流量与 0.33L/s 的比值，作为该种卫生器具的排水当量。

排水设计秒流量：排水设计管段的排水设计流量应为该管段的瞬时最大排水流量，又称为排水设计秒流量。

同层排水：指卫生间器具排水管不穿越楼板，排水横管在本层套内与排水立管连接，安装检修不影响下层的一种排水方式。

间接排水：设备或容器的器具排水管与污（废）水管道之间不直接相连，而有一段空气间隔的排水方式称为间接排水。

终限流速：排水立管中，当水膜所受向上的管壁摩擦力与重力达到平衡时，水膜的下降速度和水膜厚度不再发生变化，这时的流速叫终限流速。

终限长度：从排水横支管水流入口至终限流速形成处的高度。

2. 答：(1) 自卫生器具至排出管的距离应最短，管道转弯应最少。

(2) 排水立管宜靠近排水量最大的排水点。

(3) 排水管道不得敷设在对生产工艺或卫生有特殊要求的生产厂房内，以及食品和贵重商品仓库、通风小室、电气机房和电梯机房内。

(4) 排水管道不得穿过沉降缝、伸缩缝、变形缝、烟道和风道；当排水管道必须穿过沉降缝、伸缩缝和变形缝时，应采取相应技术措施。

(5) 排水埋地管道，不得布置在可能受重物压坏处或穿越生产设备基础。

(6) 排水管道不得穿越住宅客厅、餐厅，并不宜靠近与卧室相邻的内墙。

(7) 排水管道不宜穿越橱窗、壁柜。

(8) 塑料排水立管应避免布置在易受机械撞击处；当不能避免时，应采取保护措施。

(9) 塑料排水管应避免布置在热源附近；当不能避免，并导致管道表面受热温度大于 60℃ 时，应采取隔热措施。塑料排水立管与家用灶具边净距不得小于 0.4m。

(10) 当排水管道外表面可能结露时，应根据建筑物性质和使用要求，采取防结露措施。

3. 答：(1) 卫生器具排水管与排水横支管垂直连接，宜采用 90°斜三通。

(2) 排水管道的横管与立管连接，宜采用 45°斜三通或 45°斜四通和顺水三通或顺水四通。

(3) 排水立管与排出管端部的连接，宜采用两个 45°弯头、弯曲半径不小于 4 倍管径的 90°弯头或 90°变径弯头。

(4) 排水立管应避免在轴线布置；当受条件限制时，宜用乙字管或两个 45°弯头连接。

(5) 当排水支管、排水立管接入横干管时，应在横干管管顶或其两侧 45°范围内采用 45°斜三通接入。

4. 答：通气管系是为了使为使排水系统内空气流通、压力稳定。通气管的作用有两个：其一是排除室外排水管道中污浊的有害气体至大气中；其二是平衡管道内正负压，避免因管内压力波动破坏水封。

存水弯的作用是防止排水管道系统中的气体窜入室内。

常用通气管的类型有：伸顶通气管，专用通气管，主通气立管，副通气立管，环形通气管，器具通气管，结合通气管。

5. 答：水封是利用一定高度的静水压力来抵抗管道内压力变化，防止管道内的气体进入室内的措施。破坏的原因主要有自虹吸损失、诱导虹吸损失和静态蒸发损失。

6. 答：住宅卫生间的卫生器具排水管要求不穿越楼板进入他户时，卫生器具排水横支管应设置同层排水。

设置时要求地漏设置、排水管道管径、坡度和最大设计充满度应符合《建筑给水排水设计规范》（GB 50015—2003）（2009 年版）第 4.4.9、4.4.10、4.4.12 条所述设置要求，器具排水横支管布置和设置标高不得造成排水滞留、地漏冒溢；埋设于填层中的管道接口应严密不得渗漏，推荐采用粘接和熔接的管道连接方式，不得采用橡胶圈密封接口；当排水横支管设置在沟槽内时，回填材料、面层应能承载器具、设备的荷载；卫生间地坪应采取可靠的防渗漏措施。

7. 答：由于卫生器具排水具有突然、迅速、流量大的特点，所以，一个排水当量的排水流量是一个给水当量额定流量的 1.65 倍。

8. 答：(1) 无通气管的单立管排水系统：这种形式的立管顶部不与大气连通，连接的卫生器具数量少，排水量小，如底层单独排出的系统，需满足《建筑给水排水设计规范》(GB 50015—2003) (2009 年版) 的要求。

(2) 有通气管的普通单立管排水系统：排水立管伸顶通气，适用于一般多层建筑。

(3) 特制配件单立管排水系统：在排水横支管与立管连接处设置上部特制配件代替一般的三通、排水立管底部有与横干管或排出管连接处设置下部特制配件代替一般弯头。特制配件能够改变水流方向和状态，增大通气能力，适用于各类多层和高层建筑。

9. 答：(1) 为了排水畅通，防止管道堵塞，保障室内环境卫生，规定了建筑内部排水管的最小管径为 50mm；建筑物内排出管最小管径不得小于 50mm。

(2) 凡连接大便器的支管，即使仅有 1 个大便器，最小管径也不得小于 100mm。

(3) 住宅厨房排水中含杂物、油腻较多，立管容易堵塞，有时发生洗涤盆冒泡现象，所以，多层住宅厨房间的立管管径不宜小于 75mm。

(4) 当公共食堂厨房内的污水采用管道排除时，其管径应比计算管径大一级，但干管管径不得小于 100mm，支管管径不得小于 75mm。

(5) 医院污物洗涤盆（池）和污水盆（池）的排水管管径，不得小于 75mm。

(6) 小便器和小便槽冲洗不及时，尿垢容易聚积，堵塞管道，故小便槽或连接 3 个及 3 个以上的小便器，其污水支管管径不宜小于 75mm。

(7) 浴池的泄水管宜采用 100mm。

(8) 排水管管径应逐级放大，立管管径不得小于所连接的横支管管径，排出管管径不得小于所连接立管管径。

10. 答：可以增加管材内壁粗糙度、立管设置乙字弯消能、立管内壁制作成有突起的螺旋导流槽、使用偏心三通等以减小水流下降速度；设置通气立管；采用专用特制配件。

11. 答：排水管系统内的流动有以下特征。

(1) 水量变化大。卫生器具排水历时短，瞬时流量大，高峰流量时可能充满整个管道断面，而大部分时间管道内可能没有水，水量时大时小。

(2) 气压变化大。卫生器具不排水时，排水管道中是气体，通过通气管与大气相通，当卫生器具瞬时排水时，管道内气压会有较大幅度变化。

(3) 流速变化大。污水排放过程中，水流速度方向和速度大小都在发生改变，从卫生器具进入卫生器具排水管，再到横支管，进入排水立管，再由排水立管进入排水横干管排出户外。建筑内部横管与立管交替连接，当水流由横管进入立管时，流速急骤增大，水气混合；当水流由立管进入横管时，流速急骤减小，水气分离。

(4) 事故危害大。污水中含有的各种固体杂质，容易使管道排水不畅、堵塞管道造成污水外溢到室内地面，污染环境。同时污水在排放过程中造成气压波动，会使水封破坏，臭气外逸，污染室内空气，直接危害人体健康。

12. 答：传统的隔层排水方式沿用已久，但存在以下缺陷：上层用户排水横支管占用了下层用户空间；上层用户排水横支管检修需要进入下层用户，给检修工作带来不便；卫生器具布置受到预留洞限制，卫生间布置不灵活；上层排水噪声对下层用户有影响；多根卫生器具排水管穿楼板对防水不利；横支管表面结露，影响下层用户。

同层排水相对于传统排水有以下优点：排水管道本层布置，房屋产权明晰；排水横支管检修本层进行，不干扰下层用户；改变排水支管的走向或长短就可改变洁具的位置，卫生间布置灵活；排水噪音小(据统计，分贝数可降低一半以上)；排水支管在同一层内完成，减小了管道渗漏概率。

13. 答：是为了满足人体工程学的要求，以使卫生器具使用方便，发挥其正常使用功能。

14. 答：排水管道的通水能力受到制约的因素有管径、管材（粗糙度）、是否设置通气管及其管径、坡度、充满度和所排出污水的性质。

15. 答：利用沉淀和厌氧发酵原理去除生活污水中的悬浮性有机物的最初级处理构筑物，当建筑物所在的城镇或小区内没有集中的污水处理厂，或虽然有污水处理厂但已超负荷运行时，建筑物排放的污水在进入水体或城市管网前，采用化粪池进行简单处理。

16. 答：排水立管管径根据最大排水能力或允许负荷卫生器具当量值确定；排水横管管径根据流量查水力计算表或允许负荷卫生器具当量值确定，但必须满足对充满度、流速、坡度、最小管径的规定。

17. 答：《污水排入城镇下水道水质标准》(CJ 343—2010) 中规定：

(1) 污水 pH＝6.5～9.5，浓度过高的酸、碱水会腐蚀管道，并影响污水的进一步处理；

(2) 污水温度＜40℃，如温度过高，会引起管道接头破坏造成漏水；

(3) 不含大量固体物质，防止管道阻塞；

(4) 不含大量油脂或汽油等易燃、易爆液体，以免在管道中燃烧或爆炸；

(5) 不含有剧毒、恶臭物质和有害气体、蒸气或烟雾。

18. 答：根据排出的污水量、确定排水管的管径和管道坡度，并合理确定通气系统以保证排水管系的正常工作。

19. 答：(1) 平面图（底层、标准层、顶层)：反映管道及设备的大概位置（立管、横管、卫生器具、地漏、水龙头、阀门、排水栓等)。

(2) 系统图：反映高程、管径及管道前后空间位置。

(3) 大样图：反映卫生器具的具体位置和尺寸，如离墙距离，两卫生器具之间的距离，打洞位置等。

20. 答：公共食堂、饮食业的含食用油脂的污水排入下水道时，随着水温下降，污水挟带的油脂颗粒便开始凝固，并附着在管壁上，逐渐缩小管道断面，最后完全堵塞管道。所以，职工食堂和营业餐厅的含油污水，应经除油装置后方许排入污水管道。汽车洗车台、汽车库及其他类似场所排放的污水中含有汽油、煤油、柴油等矿物油。汽油等轻油进入管道后挥发并聚集于检查井，达到一定浓度后会发生爆炸引起火灾，破坏管道，所以也应进行隔油处理。设置隔油池还可以回收废油脂，制造工业用油，变废为宝。除油处理采用隔油池或隔油装置。

当排水温度高于40℃时，会蒸发大量气体，清理管道的操作劳动条件差，影响工人身体健康，故必须降温后才能排入城市下水道，降温处理可采用降温池。

生活排水中含有较多泥沙时，为防止泥沙在排水管道中沉积堵塞管道、降低管断面，应进行除沙处理，除砂处理采用沉沙池。

生活污水排入市政排水管道要求经化粪池处理时，应设置化粪池。仍达不到排放标准时应设置生活污水处理设施。

医院（包括传染病医院、综合医院、专科医院、疗养病院）和医疗卫生研究机构等的排水含病原体(病毒、细菌、螺旋体和原虫等）会污染污水，如不经过消毒处理，会污染水源、传染疾病、危害很大。为了保护人民身体健康，医院污水必须进行消毒处理后才能排放。

21. 答：存在问题：违反了《建筑给水排水设计规范》(GB 50015—2003) (2009 年版) 第 4.2.7 条“医疗卫生机构内门诊、病房、化验室、试验室等处不在同一房间内的卫生器具不得共用存水弯。”的规定。

医疗卫生机构内门诊、病房、化验室、试验室等不在同一房间内的卫生器具如果共用同一个存水弯，当共用存水弯一旦发生堵塞，不同卫生器具的排水可能产生交叉污染；此外，由于共用存水弯可能导致不同病区或不同医疗室内的空气通过共用卫生器具存水弯以上互通的管道相互串通，使病菌有可能通过空气传播。

改进措施：不同用途的卫生器具单独设置存水弯，然后分别接入排水横支管，如图 7-10 所示。

22. 答：存在问题：违反了《建筑给水排水设计规范》(GB 50015—2003) (2009 年版) 第 4.5.12 条

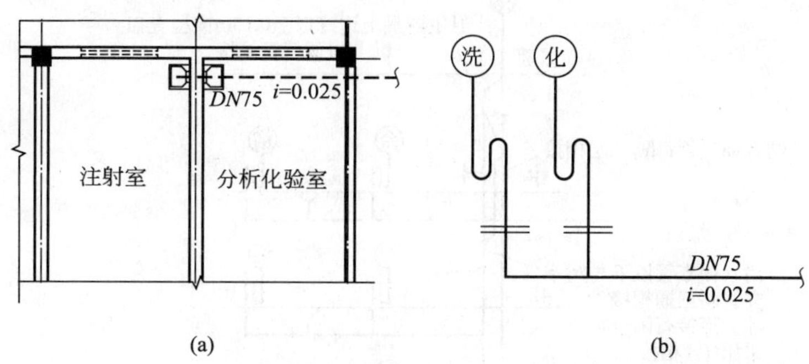

图 7-10　医院不同功能房间的卫生器具排水系统设计改进

"建筑物排水立管水平拐弯或有乙字管时，在该层立管拐弯处和乙字管的上部应设检查口。"。

排水管道在其转弯处非常容易出现堵塞，如果排水立管在其水平拐弯处和乙字管的上部不设检查口，会给堵塞后的清通带来不便，影响与该立管相关的排水系统的使用。

改进措施：在立管拐弯处和乙字管的上部设检查口，如图 7-11 所示。

23. 答：存在问题：违反了《建筑给水排水设计规范》（GB 50015—2003）（2009 年版）第 4.7.2 条"建筑物地下室生活排水，应设置污水集水池和污水泵提升排至室外检查井"。

地下室生活排水如果不设置集水池和污水泵，而是直接排至室外检查井，当室外管道不畅或遇到暴雨时，雨水或污水有可能倒灌至地下室。

改进措施：采用提升方式排除地下室污水，如图 7-12 所示。

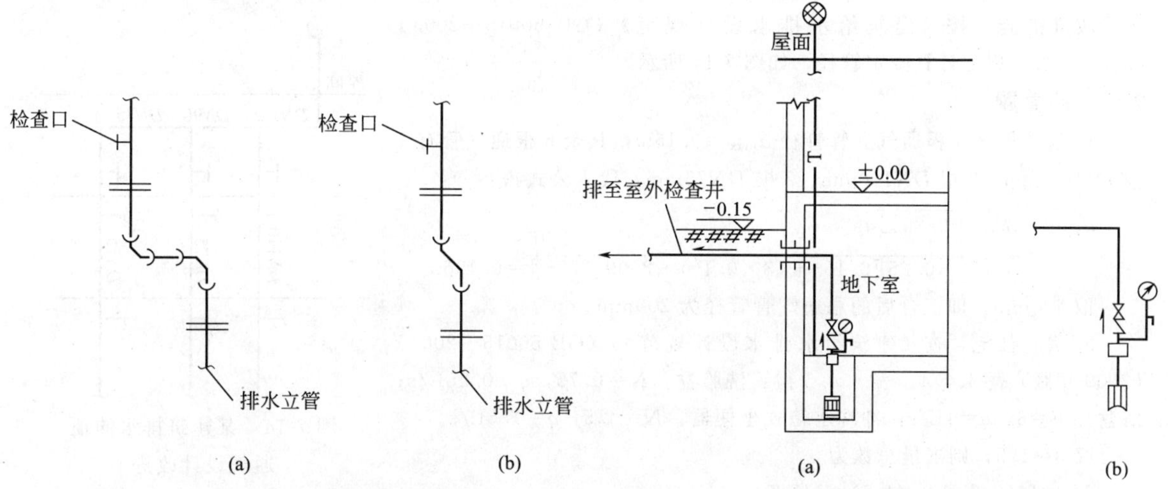

图 7-11　某建筑物排水立管设计改进　　图 7-12　某建筑物地下室重力排水设计改进

24. 答：违反了《建筑给水排水设计规范》（GB 50015—2003）（2009 年版）第 4.6.2 条"建筑标准要求较高的多层住宅和公共建筑、10 层及 10 层以上高层建筑的生活污水立管应设置通气立管。"

高层建筑生活污水立管由于连接的卫生器具较多，建筑高度较高，故排水立管内气压波动也较大，为了改善高层建筑生活排水立管的水力条件，有时尽管排水立管还没有达到其最大通水能力，但设计时也宜考虑设置专用通气管。

改进措施：设置专用通气管，如图 7-13 所示。

25. 答：存在问题：《建筑给水排水设计规范》（GB 50015—2003）（2009 年版）第 4.6.16 条"当两根或两根以上污水立管的通气管汇合连接时，汇合通气管的断面积应为最大一根通气管的断面积加其余通气管断面积之和的 0.25 倍"。

通气管汇合后应经计算放大管径。如果污水通气立管汇合后管径不放大，则会导致通气管内气流紊

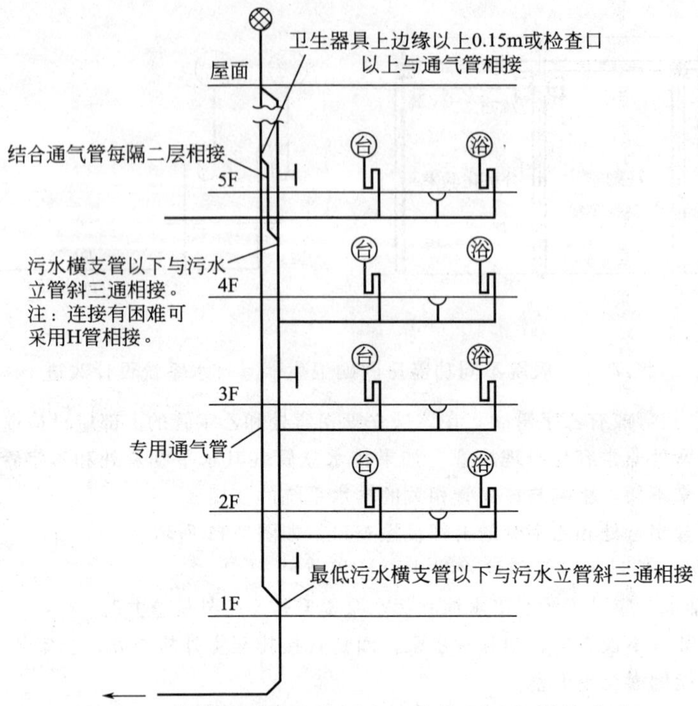

图 7-13　某高层民用建筑污水立管伸顶通气设计改进

乱，通气效果不佳，从而影响排水效果。

改进措施：按《建筑给水排水设计规范》（GB 50015—2003）（2009 年版）规定计算确定管径，如图 7-14 所示。

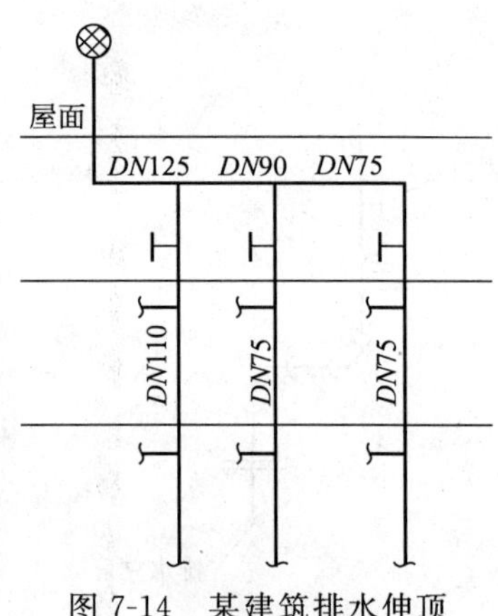

图 7-14　某建筑排水伸顶通气设计改进

7.5　计算题

1. 答：最大 1 根通气立管管径 $d_{max}=0.15$m，其余 6 根通气管有 1 根 $DN150$mm、3 根 $DN100$mm、2 根 $DN75$mm，代入公式得：

$$de \geqslant \sqrt{d_{max}^2+0.25\sum d_i^2}$$

$$=\sqrt{0.15^2+0.25[0.15^2+(3\times0.1^2)+2\times0.075^2]}=0.196\text{m}$$

取 200mm，即汇合后的总通气管管径为 200mm。

2. 答：住宅，查《建筑给水排水设计规范》（GB 50015—2003）（2009 年版）表 4.4.4、表 4.4.5 得：洗脸盆，$N=0.75$，$q=0.25$L/s；浴盆，$N=3$，$q=1$L/s；冲洗水箱式坐便器，$N=4.5$，$q=1.5$L/s。

又 $\alpha=1.5$，则当量总数为

$N_p=14(0.75+3+4.5)=115.5$

其中计算管段上最大一个卫生器具为冲洗水箱式坐便器的排水流量 $q_{max}=1.5$L/s。

则：$q_p=0.12\alpha\sqrt{N_p}+q_{max}=0.12\times1.5\times\sqrt{115.5}+1.5=3.44$L/s

该排水立管最下部管段的设计秒流量为 3.44L/s。

查《建筑给水排水设计规范》（GB 50015—2003）（2009 年版）表 4.4.11，采用伸顶通气管，选用立管管径 $DN110$mm。

3. 答：集体宿舍（Ⅱ类），查《建筑给水排水设计规范》（GB 50015—2003）（2009 年版）表 4.4.5 得：$\alpha=1.5$，则：

$$q_p=0.12\alpha\sqrt{N_p}+q_{max}$$

$$=0.12\times1.5\times(0.3\times2+1)1/2+0.33=0.56\text{L/s}$$

校核：三个卫生器具排水流量之和为：$0.1\times2+0.33=0.53$L/s

计算值大于三个卫生器具排水流量之和，不合理，故取该支管的设计排水量为 0.53L/s。

4. 答：集体宿舍（I类），查《建筑给水排水设计规范》（GB 50015—2003）（2009 年版）表 4.4.5 得：$\alpha=1.5$

卫生器具排水当量总数：$N_p=4.5\times8+0.5\times3+0.75\times12+1.0\times2=48.5$

则：$q_u=0.12\alpha\sqrt{N_p}+q_{max}$

$=0.12\times1.5\sqrt{48.5}+1.5=2.75L/s$

合流污水设计流量为 2.75L/s。

5. 答：查《建筑给水排水设计规范》（GB 50015—2003）（2009 年版）表 4.4.5 得：$\alpha=2.5$

（1）每根污水立管排水当量：$N_p=6\times6\times2=72$

每根污水立管底部的设计秒流量：

$q_p=0.12\alpha\sqrt{N_p}+q_{max}$

$=0.12\times2.5\times\sqrt{72}+2.0=4.55L/s$

每根废水立管排水当量：$N_p=6\times(3.0+0.75)\times2=45$

每根废水立管底部的设计秒流量：

$q_p=0.12\alpha\sqrt{N_p}+q_{max}$

$=0.12\times2.5\times\sqrt{45}+1.0=3.01L/s$

（2）查《建筑给水排水设计规范》（GB 50015—2003）（2009 年版）表 4.4.11，采用伸顶通气塑料管，选用污水立管管径 $DN125$mm，废水立管管径 $DN110$mm。

6. 答：查《建筑给水排水设计规范》（GB 50015—2003）（2009 年版）表 3.6.6-1 得：

高水箱蹲式大便器的同时排水百分数 $b_1=12\%$，排水流量 $q_1=1.5L/s$；

洗手盆的同时排水百分数 $b_2=50\%$，排水流量 $q_2=0.1L/s$；

淋浴器的同时排水百分数 $b_3=100\%$，排水流量 $q_3=0.15L/s$；

洗涤盆的同时排水百分数 $b_4=33\%$，排水流量 $q_4=0.33L/s$；

小便槽的同时排水百分数 $b_5=100\%$，排水流量 $q_5=0.17L/s$。

$$
\begin{aligned}
\text{则 } q_p &= \sum_{i=1}^{m} q_{0i}n_{0i}b_i \\
&=4\times12\%\times1.5+15\times50\%\times0.1+10\times100\%\times0.15 \\
&\quad+1\times33\%\times0.33+3\times100\%\times0.17 \\
&=3.59L/s
\end{aligned}
$$

所以总的排水设计秒流量为 3.59L/s。

7. 答：查《建筑给水排水设计规范》（GB 50015—2003）（2009 年版）表 3.6.6-1 得：

高水箱蹲式大便器的同时排水百分数 $b_1=12\%$，排水流量 $q_1=1.5L/s$；

洗涤池的同时排水百分数 $b_2=33\%$，排水流量 $q_2=0.33L/s$。

$$
\begin{aligned}
\text{则}\qquad q_p &= \sum_{i=1}^{m} q_{0i}n_{0i}b_i \\
&=1\times12\%\times1.5+1\times33\%\times0.33 \\
&=0.29L/s
\end{aligned}
$$

此值小于一个高水箱蹲式大便器排水流量 1.5L/s，故排出管设计秒流量取 1.5L/s。

8. 答：《建筑给水排水设计规范》（GB 50015—2003）（2009 年版）规定：当日处理污水量>10m³ 时，采用三格，其中第一格的容量宜为总容量的 60%，其余两格各占总容量的 20%。则采用三格化粪池，每格有效容积为

$$V_1:V_2:V_3=60\%:20\%:20\%=36m^3:12m^3:12m^3$$

即：第一格容积 36m³，第二格容积 12m³，第三格容积 12m³。

8 建筑雨水排水系统

8.1 填空题

1. 建筑屋面雨水排水系统按出户埋地横干管是否有自由水面分为敞开式排水系统和________两类。

2. 雨水斗有重力式和________两类。

3. 重力式雨水斗有 65 式、79 式和________三种。

4. 居住小区的雨水设计重现期一般宜选用________年。

5. 设计降雨强度应按________计算，建筑屋面雨水排水管道设计降雨历时应按________计算。

6. 按建筑物内部是否有雨水管道分为________系统和________系统两类，按照雨水排至室外的方法内排水系统又分为________排水系统和________排水系统。

7. 按一根立管连接的雨水斗数量分为________和________。

8. 建筑屋面雨水管道设计流态宜符合：檐沟外排水宜按________设计、长天沟外排水宜按________设计、高层建筑屋面雨水排水宜按________设计、工业厂房、库房、公共建筑的大型屋面雨水排水宜按________设计。

9. 重力流屋面雨水排水管系的悬吊管应按非满流设计，其充满度不宜大于________，管内流速不宜小于________。

10. 重力流雨水排水系统中长度为________的雨水悬吊管应设有检查口，其间距不宜大于________。

11. 天沟外排水由天沟、________和排水立管等组成，天沟坡度不宜小于________。

12. 为杜绝屋面雨水从阳台溢出，阳台排水管应________设置。同时为了防止阳台地漏泛臭，阳台雨水立管底部应________排水。

8.2 单项选择题

1. 关于屋面雨水系统设计，下列做法中错误的是（　）。

A. 高层建筑主体和裙房屋面的雨水可合并管道排除

B. 不同设计排水流态应选用相应的雨水斗

C. 阳台雨水排水系统应单独设置，其立管底部应间接排水

D. 屋面雨水排水系统应设置雨水斗

2. 对于单斗雨水系统，随着降雨历时的延长，雨水斗泄流量与其他参数的关系在不断变化。下列叙述中错误的是（　　）。

A. 随着降雨历时的延长，雨水斗泄流量增加

B. 随着雨水斗泄流量的增加，掺气比增加

C. 随着天沟水深的增加，雨水斗泄流量增加

D. 雨水斗泄流量增加到一定数值时，掺气比减小，并最终变为0

3. 屋面雨水排水系统设计时，下列设计中不正确的是（　　）。

A. 多斗系统的雨水斗采用对称布置

B. 天沟布置以伸缩缝、沉降缝、变形缝为分水线

C. 雨水排水管的转向处采用顺水连接

D. 天沟坡度不宜大于0.003

4. 建筑屋面汇水面积为$2400m^2$设计重现期5年，设计降雨强度为$4.38L/(s\times10^4m^2)$，屋面径流系数为0.9，设计雨水流量应为（　　）。

A. 0.89L/s　　B. 0.95L/s　　C. 3.15L/s　　D. 4.73L/s

5. 重力流屋面雨水排水管系无论是按满流还是非满流设计其管内流速不宜小于（　　）。

A. 0.5L/s　　B. 0.75 L/s　　C. 1.0 L/s　　D. 1.2L/s

6. 关于建筑屋面雨水排水管道设计，下列叙述中错误的是（　　）。

A. 径流系数按0.9计算

B. 设计降雨强度按当地暴雨强度公式计算

C. 降雨历时按5min计算

D. 一般建筑设计重现期按2～5年选定，重要建筑按8年计算

7. 建筑屋面雨水管道设计流态宜按重力流设计的有（　　）。

A. 工业厂房、库房的大型屋面　　B. 公共建筑的大型屋面设计

C. 檐沟外排水、高层建筑屋面雨水内排水　　D. 长天沟外排水

8. 压力流屋面雨水排水管道中的悬吊管、立管设计流速分别为（　　）。

A. 不宜小于0.5m/s、不宜大于3m/s　　B. 不宜小于1.0m/s、不宜大于5m/s

C. 不宜小于1.0m/s、不宜大于10m/s　　D. 不宜小于1.5m/s、不宜大于12m/s

9. 高层建筑雨水排水管材不宜采用（　　）。

A. 建筑排水塑料管　　B. 承压塑料管

C. 金属管　　D. 承压铸铁管

10. 一般建筑的重力流屋面雨水排水工程与溢流设施的总排水能力不应小于（　　）重现期的雨水量。

A. 2～5年　　B. 10年　　C. 50年　　D. 100年

11. 建筑屋面雨水管道设计流态的选择，哪一项是不正确的？（　　）

A. 檐沟外排水宜按重力流设计

B. 长天沟外排水宜按压力流设计

C. 高层建筑屋面雨水排水宜按压力流设计

D. 工业厂房、库房、公共建筑的大型屋面雨水排水宜按压力流设计

12. 某建筑屋面采用矩形钢筋矩形混凝土天沟排除雨水，天沟的粗糙系数为0.013，坡度采用0.006。天沟深度为0.3m，积水深度按0.15m计，水力半径0.103m，则当天沟排除

雨水量为 66L/s 时，要求天沟的宽度为（　　）。

A. 0.32m　　B. 0.34m　　C. 0.92m　　D. 1.13m

13. 图 8-1 为某厂房室内重力流雨水排水系统计算简图，a 雨水斗泄流量 11.38L/s，管径 DN100mm；b 雨水斗泄流量 22.76L/s，管径 150mm，采用铸铁管，粗糙系数 $n=0.014$，悬吊管充满度为 0.8，表 8-1 中各管段管径的选择哪一项是既经济又正确的？（　　）

表 8-1　题 13 表

序　号	管段直径 DN/mm		
	1～2	2～3	3～4
(A)	200	200	150
(B)	200	200	200
(C)	100	200	200
(D)	150	150	200

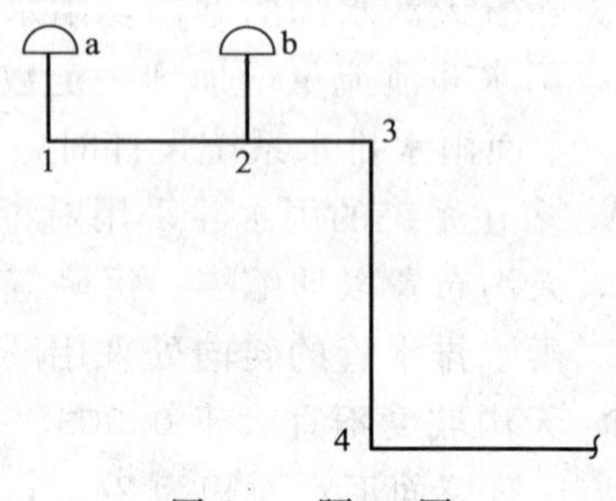

图 8-1　题 13 图

14. 压力流屋面雨水排水管道中的悬吊管与雨水斗出口的高差应大于（　　）。

A. 0.5m　　B. 0.75m　　C. 1.0m　　D. 1.25m

15. 某一般建筑屋面面积 2000m^2，雨水排水系统设计重现期为 5 年，在表 8-2 参数的条件下，按最小排水能力要求，计算其溢流口最小宽度值为（　　）。

表 8-2　题 15 表

小时降雨厚度/(mm/h)			流量系数	溢流高度/m	重力加速度/(m/s^2)
重现期 5 年	重现期 10 年	重现期 50 年			
144	324	468	$m=385$	$h=0.3$	$g=9.81$

A. 0.58m　　B. 0.26m　　C. 0.32m　　D. 0.84m

16. 当天沟水深完全淹没雨水斗时，单斗雨水系统内出现最大负压值（－）与最大正压值（＋）的部位应为下列哪一项？（　　）

A.（－）立管与埋地管连接处；（＋）悬吊管与立管连接处

B.（－）悬吊管与立管连接处；（＋）立管与埋地管连接处

C.（－）雨水斗入口处；（＋）立管与埋地管连接处

D.（－）雨水斗入口处；（＋）连接管与悬吊管连接处

17. 下列建筑屋面压力流雨水排水系统Ⅰ和重力流雨水排水系统Ⅱ二者异同的叙述中，哪一项是不正确的？（　　）

A. Ⅰ悬吊管可水平敷设，而Ⅱ悬吊管应有坡度

B. Ⅰ立管管径可小于悬吊管管径，而Ⅱ立管管径不得小于悬吊管管径

C. 在有埋地排出管，Ⅰ和Ⅱ的雨水立管底部均应设清扫口

D. 多层建筑Ⅰ和Ⅱ的管材均应采用承压塑料排水管

18. 某一般建筑采用重力流雨水排水系统，其屋面汇水面积为 600m^2，降雨量现期 P 取 2 年，该建筑所在的城市 2～12 年降雨历时为 5min 的降雨强度 q_i 见表 8-3。则该屋面雨水溢流设施的最小设计溢流量为（　　）。

表 8-3　题 18 表

P/年	2	5	8	10	12
q_i/[L/(s·hm^2)]	110	157	178	190	201

A. 4.32L/s　　B. 5.94L/s　　C. 10.26L/s　　D. 16.20L/s

19. 以下有关雨水溢流设施的设置要求中，哪项是正确的？（　　）

A. 建筑采用压力流雨水排水系统时，应设置屋面雨水溢流设施

B. 重要公共建筑压力流雨水排水系统与溢流设施的排水量之和不应小于10年重现期的雨水量

C. 建筑采用重力流雨水排水系统且各汇水面积内设有两根或两根以上排水立管时，可不设雨水溢流设施

D. 建筑采用重力流雨水排水系统各汇水面积内仅有一根排水立管时，应设雨水溢流设施，其排水量等同于雨水立管的设计流量

20. 某重要展览馆屋面雨水排水系统（满管压力流）如图8-2所示，图中两个雨水斗负担的汇水面积相同，若考虑当一个雨水斗发生堵塞无法排水时，其雨水溢流设施的设计流量应为（　　）。（设计重现期 $P=10$ 年时，该屋面设计雨水量为50L/s；$P=50$ 年，该屋面设计雨水量为70L/s）

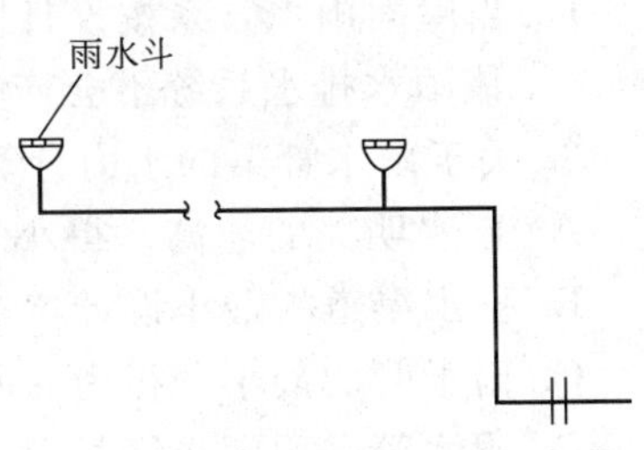

图8-2　题20图

A. 20L/s　　B. 35L/s

C. 45L/s　　D. 50L/s

21. 某雨水收集回用工程，水处理设备的出水存入雨水清水池。清水池设自动补水装置（补水采用自来水），下列关于其补水设计的叙述，哪项是错误的？（　　）

A. 补水管侧壁进水池，管内底高于溢流水位2.5倍管径

B. 补水管径按供水管网的最大小时用水量确定

C. 补水管口设浮球阀控制补水的开、停

D. 补水管上设水表计量补水量

22. 某建筑采用轻质坡屋面，在最底处设锅板内天沟，天沟上沿和屋面板之间用螺钉紧固，天沟内设压力流雨水斗。屋面水平投影面积1000m^2，5min、10min设计暴雨强度分别为5.06L/(s×100m^2)、4.02 L/(s×100m^2)，则屋面雨水设计流量应为（　　）。（屋面径流系数取1.0）

A. 75.9L/s　　B. 50.6L/s　　C. 45.5L/s　　D. 40.2L/s

23. 下列建筑屋面雨水管道的设计流态中，哪一项是不正确的？（　　）

A. 檐沟外排水宜按重力流设计

B. 长天沟外排水宜按压力流设计

C. 高层建筑屋面雨水排水宜按压力流设计

D. 大型屋面雨水排水宜按压力流设计

24. 某住宅小区，总占地面积为120000m^2，其中混凝土道路占地面积为3600m^2，绿地面积为24000 m^2，其余为住宅的占地。若住宅屋面均采用硬顶，则小区的雨水流量径流系数应为（　　）。

A. 0.750　　B. 0.847　　C. 0.857　　D. 0.925

25. 建筑屋面各汇水范围内，雨水排水立管不宜小于（　　）。

A. 2根　　B. 3根　　C. 4根　　D. 5根

8.3　多项选择题

1. 雨水系统按一根立管连接的雨水斗数量分为（　　）

A. 单斗系统　　B. 三斗系统　　C. 多斗系统　　D. 数斗系统

2. 以下有关建筑物屋面雨水溢流设施的叙述中，哪几项是错误的？（　　）

A. 屋面雨水排水工程应设置溢流设施

B. 当屋面各汇水面积内有两根或两根以上雨水立管时可不设雨水溢流设施

C. 雨水溢流设施主要是排除雨水管道堵塞时的设计雨水量

D. 当屋面雨水管系按设计降雨重现期 P 对应的降雨强度为依据正确设计时，则 P 年内该雨水排水系统不会产生溢流现象

3. 关于雨水管渠的水力计算，叙述正确的是以下哪几项？（　　）

A. 雨水明渠的超高不得小于 0.5m

B. 雨水渠道的最小设计流速在满流时为 0.75m/s

C. 雨水管的最小管径为 300mm

D. 雨水管采用塑料管材时，最小设计坡度为 0.003

4. 从安全可靠性考虑，下列叙述哪些项正确？（　　）

A. 敞开式系统优于密闭式系统

B. 外排水系统优于内排水系统

C. 堰流斗重力流排水系统的安全可靠性最差

D. 以上都不对

5. 下列雨水利用供水系统的设计要求中，哪几项是合理的？（　　）

A. 雨水供水管与生活饮用水管的连接管上必须设置倒流防止器

B. 雨水供水系统中应设有自动补水设施

C. 采用再生水作雨水供水系统补水时，其水质不能低于雨水供水水质

D. 雨水供水管道上不得装设取水龙头

6. 下列关于屋面雨水排水系统设计的叙述中，哪几项是正确的？（　　）

A. 重力流雨水斗能把屋面排水控制在重力流状态

B. 采用重力屋面雨水排水系统能把水流控制在重力流状态

C. 采用满管压力流屋面雨水排水系统不能把系统流态总保持在压力流

D. 降雨量超过设计重现期使斗前水深加大时重力流系统会转变为压力流系统

7. 关于雨水悬吊管的说法，下列哪项正确？（　　）

A. 悬吊管管径不小于连接管管径

B. 悬吊管管径不应大于 200mm

C. 塑料管坡度不小于 0.005

D. 铸铁管坡度不小于 0.01

8. 拟将收集的屋面雨水用于绿化。冲厕，采用哪几项处理工艺相对适宜？（　　）

A. 采用曝气生物处理　　B. 采用沉淀，过滤处理

C. 采用反渗透膜处理　　D. 采用自然沉淀处理

9. 在屋面雨水的汇水面积计算中，（　　）是正确的。

A. 高出屋面的两面相对等高侧墙，可不计汇水面积

B. 高出屋面的两面侧墙，按两面侧墙面积的平方和的平方根折算汇水面积

C. 高出屋面一面侧墙，按侧墙面积的 60%折算成汇水面积

D. 屋面的汇水面积应按屋面的水平投影面计算

10. 下列哪些水不能接入屋面雨水立管？（ ）

A. 屋面雨水　　　　B. 阳台雨水

C. 建筑污水　　　　D. 建筑废水

8.4 问答题

1. 什么是降雨强度、重现期、降雨历时、地面集水时间、管内流行时间、汇水面积、重力流雨水排水系统、压力流雨水排水系统、单斗系统、多斗系统、雨水斗、雨水口、雨落水管、悬吊管、径流系数？

2. 屋面雨水排水系统如何分类？

3. 建筑屋面雨水排水系统的组成有哪些？

4. 建筑屋面雨水管道设计流态宜符合什么场合？

5. 雨水排水管管材的选用应符合哪些规定？

6. 雨水斗的设置应遵循哪些规定？

7. 雨水汇水面积如何计算？

8. 对天沟的设置有何要求？

9. 内排水系统一般适用于什么建筑？

10. 单斗雨水排水系统的水流状态、压力变化规律和泄水量的关系是什么？

11. 压力流屋面雨水排水管道的设计应遵循哪些规定？

12. 对建筑屋面雨水排水系统管道的设置有何要求？

13. 普通外排水系统的设计计算步骤是什么？

14. 天沟外排水系统的天沟形状和几何尺寸的设计计算步骤是什么？

15. 雨水斗分为哪几类？各类雨水斗的组成有哪些？

16. 建筑屋面雨水排水工程应设置哪些溢流设施？对溢流设施的设计有何要求？

8.5 计算题

1. 某地有一建筑，左为高层建筑，右为高层建筑的裙房，两相邻中间有一面墙，墙的宽度为 15m，高层屋面的标高为 46.00m，裙房屋面的标高为 16.00；高层屋面长 20m，裙房屋面长 30m，求裙房屋面汇水面积。

2. 已知某城市暴雨强度如下：$P=1$ 年时，$q_s=240$L/(s·hm^2)，$q_{10}=203$L/(s·hm^2)；$P=3$ 年时，$q_s=319$L/(s·hm^2,) $q_{10}=263$L/(s·hm^2)；$P=5$ 年时，$q_s=354$L/(s·hm^2)，$q_{10}=290$L/(s·hm^2)；$P=10$ 年时，$q_s=400$L/(s·hm^2)，$q_{10}=326$L/(s·hm^2)。

(1) 城市中一座普通办公楼，平顶，屋面水平投影面积为 1500m^2，设计该办公楼屋面雨水排水系统，取设计重现期为 3 年，求设计雨水流量。

（2）城市中一座重要的演播厅，平顶，屋面水平投影面积为 $3000m^2$，设计该演播大厅屋面雨水排水系统，求设计雨水流量。

3. 某多层建筑雨水内排水系统见图 8-3，每根悬吊管连接 3 个雨水斗，雨水斗顶面至悬吊管末端的几何高差为 0.6m。每个雨水斗的实际汇水面积为 $278m^2$。设计重现期为 2 年，该地区重现期为 2 年时，5min 的降雨强度为 401 $L/(s \cdot hm^2)$。选用 87 式雨水斗，采用铸铁管密闭式排水系统，设计该建筑雨水内排水系统。

4. 某地的建筑屋面采用天沟排水，设计重现期取 4 年，5min 暴雨强度为 $243L/(s \cdot hm^2)$，每条天沟总长 90m，天沟向两端排水，宽为 0.35m，积水深度 0.15m，坡度为 0.006，粗糙系数为 0.025，屋面径流系数为 0.9，每条天沟的汇水宽度为 18m，验证天沟设计是否合理并选用雨水斗，确定立管管径和溢流口的泄流量。

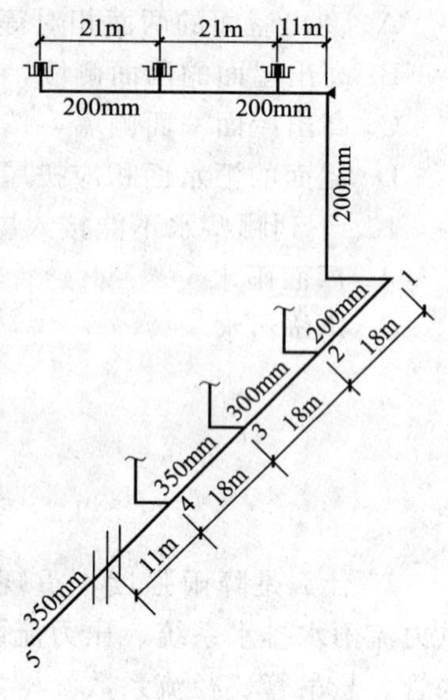

图 8-3 题 3 图

8.6 参考答案

8.1 填空题

1. 密闭式排水系统
2. 虹吸式
3. 87 式
4. 1～3
5. 当地或相邻地区暴雨强度公式 5min
6. 内排水 外排水 架空管 埋地管
7. 单斗系统 多斗系统
8. 重力流 压力流 重力流 压力流
9. 0.8 0.75L/s
10. 15m 20m
11. 雨水斗 0.003
12. 单独 间接

8.2 单项选择题

1. A 2. B 3. D 4. B 5. B 6. D 7. D 8. C 9. A 10. B
11. C 12. B 13. D 14. C 15. C 16. B 17. D 18. A 19. A 20. C
21. A 22. A 23. C 24. B 25. A

8.3 多项选择题

1. AC 2. BCD 3. BC 4. BC 5. BCD 6. CD 7. ACD
8. BD 9. AD 10. BCD

8.4 问答题

1. 答：（1）降雨强度：单位时间内的降雨量。其计量单位通常以“mm/min”或“$L/(s \cdot hm^2)$”表示。

（2）重现期：经一定时长的雨量观测资料统计分析，等于或大于某暴雨强度的降雨出现一次的平均间隔时间。其单位通常以年表示。

(3) 降雨历时：降雨过程中的任意连续时段。其计量单位通常以“min”表示。

(4) 地面集水时间：雨水从相应汇水面积的最远点地表径流到雨水管（渠）入口的时间，其计量单位通常以“min”表示。简称集水时间。

(5) 管内流行时间：雨水在管（渠）中流行的时间，其计量单位通常以“min”表示。简称流行时间。

(6) 汇水面积：雨水管（渠）汇集降雨的面积。其计量单位通常以“m^2”或“hm^2”表示。

(7) 重力流雨水排水系统：按重力流设计的屋面雨水排水系统。

(8) 压力流雨水排水系统：按压力流设计的屋面雨水排水系统。

(9) 单斗系统：仅有一个雨水斗的系统。

(10) 多斗系统：有两个及两个以上雨水斗的系统。

(11) 雨水斗：将建筑物屋面的雨水导流入雨水立管的装置。

(12) 雨水口：将地面雨水导流入雨水管（渠）的带格栅的集水口。

(13) 雨落水管：敷设在建筑物外墙、用于排除屋面雨水的排水立管。

(14) 悬吊管：悬吊在屋架、楼板和梁下或架空在柱上的雨水横管。

(15) 径流系数：一定汇水面积的雨水量与降雨量的比值。

2. 答：屋面雨水排水系统分类如下。

(1) 按建筑物内部是否有雨水管道可分为内排水系统和外排水系统两类。

(2) 按雨水在管道内的流态分为重力无压流、重力半有压流和压力流三类。

(3) 按屋面的排水条件分为檐沟排水、天沟排水和无沟排水。

(4) 按出户埋地横干管是否有自由水面分为敞开式排水系统和密闭式排水系统两类。

(5) 按一根立管连接的雨水斗数量分为单斗系统和多斗系统。

3. 答：建筑屋面雨水排水系统根据分类组成如下。

(1) 普通外排水系统由雨水斗、承雨斗、雨落水管组成。

(2) 天沟外排水系统由雨水斗、排水立管组成。

(3) 内排水系统由雨水斗、连接管、悬吊管、立管、排出管、埋地干管和附属构筑物等组成。

4. 答：(1) 檐沟外排水宜按重力流设计。

(2) 长天沟外排水宜按压力流设计。

(3) 高层建筑屋面雨水排水宜按重力流设计。

(4) 工业厂房、库房、公共建筑的大型屋面雨水排水宜按压力流设计。

(5) 居住小区雨水管道宜按满管重力流设计。

5. 答：雨水排水管管材的选用符合以下规定。

(1) 采用重力流排水系统的多层建筑宜采用建筑排水塑料管，高层建筑宜采用承压塑料管、金属管。

(2) 压力流排水系统宜采用内壁较光滑的带内衬的承压排水铸铁管、承压塑料管和钢塑复合管，其管材工作压力应大于建筑物净高度产生的静水压。用于压力流排水的塑料管，其管材抗环变形外压力应大于0.15MPa。

(3) 小区雨水排水系统可选用埋地塑料管、混凝土管或钢筋混凝土管、铸铁管等。

6. 答：雨水斗的设置应遵循以下规定。

(1) 屋面排水系统应设置雨水斗。不同设计的排水流态和排水特征的屋面雨水排水系统应选用相应的雨水斗。

(2) 屋面雨水管道如按压力流设计时，同一系统的雨水斗宜在同一水平面上。

(3) 雨水斗的设置位置应根据屋面汇水情况并结合建筑的结构承载、管系敷设等因素来确定。

(4) 雨水斗的设计排水负荷应根据各种雨水斗的特性，并结合屋面排水条件等情况经设计确定。

7. 答：雨水汇水面积应按地面、屋面的水平投影面积来计算。高出屋面的侧墙，应附加其最大受雨面正投影的一半作为有效汇水面积计算。窗井、贴近高层建筑外墙的地下车库出入口坡度和高层建筑裙房屋面的雨水汇水面积，应附加其高出部分侧墙面积的1/2。

8. 答：对天沟的设置要求如下。

(1) 应以建筑物的伸缩缝、沉降缝和变形缝作为屋面分水线，在分水线的两侧分别设置天沟。

(2) 天沟长度一般不要超过 50m。

(3) 在天沟末端宜设置溢流口，溢流口比天沟上檐低 50～100mm。

(4) 天沟坡度一般在 0.003～0.006 之间。

(5) 天沟的排水断面形式应根据屋面情况而定，一般多为矩形和梯形。

9. 答：内排水系统一般适用于跨度大、特别长的多跨建筑，在屋面设天沟有困难的锯齿形、壳形屋面建筑，屋面有天窗的建筑，建筑立面要求高的建筑，大屋面建筑及寒冷地区的建筑，在墙外设置雨水排水立管有困难时，也可考虑采用内排水。

10. 答：单斗雨水排水系统随雨水斗斗前的水深变化，输水管中会出现重力无压流、重力半有压流、压力流（虹吸流）三种流态。压力流状态下系统的泄流量最大，重力流时泄流量最小。在重力半有压流和压力流状态下，雨水排水系统的进水能力取决于天沟位置高度、天沟水深、管道摩阻及雨水斗的局部阻力，其中主要取决于天沟位置高度。雨水斗离排出管的垂直距离越大，产生的抽力越大，泄水能力也就越大。系统最大负压在悬吊管与立管的连接处，最大正压在立管与埋地横干管的连接处。

11. 答：压力流屋面雨水排水管道的设计应以下规定。

(1) 悬吊管与雨水斗出口的高差应不小于 1.0m。

(2) 悬吊管设计流速不宜小于 1m/s，立管设计流速不宜大于 10m/s。

(3) 雨水排水管道的总水头损失与流出水头之和不得大于雨水管进、出口的几何高差。

(4) 悬吊管水头损失不得大于 80kPa。

(5) 压力流排水管系各节点的上游不同支路的计算水头损失之差，在管径小于或等于 75mm 时，不应大于 10kPa；在管径大于或等于 100mm 时，不应大于 5kPa。

(6) 压力流排水管系的出口应放大管径，其出口水流速度不宜大于 1.8m/s，如其出口大于 1.8m/s 的流速时，应采取消能措施。

12. 答：对建筑屋面雨水排水系统管道的设置有以下要求。

(1) 建筑屋面各汇水范围内，雨水排水立管不宜少于两根。

(2) 重力流屋面雨水排水管系，悬吊管管径不得小于雨水斗连接管的管径，立管管径不得小于悬吊管的管径。

(3) 压力流屋面雨水排水管系，立管管径应经计算确定，可小于上游横管管径。

(4) 屋面雨水排水管的转向处宜做顺水连接。

(5) 屋面排水管系应根据管道直线长度、工作环境、选用管材等情况设置必要的补偿装置。

(6) 重力流雨水排水系统中长度大于 15m 的雨水悬吊管，应设检查口，其间距不宜大于 20m，且应布置在便于维修操作处。

(7) 有埋地排出管的屋面雨水排出管系，立管底部应设清扫口。

(8) 寒冷地区的雨水立管应布置在室内。

(9) 雨水管应牢固地固定在建筑物的承重结构上。

13. 答：普通外排水系统的设计计算宜按重力无压流系统来进行设计，步骤如下。

(1) 根据屋面坡度和建筑物的立面要求来布置立管，立管间距 8～12m。

(2) 计算每根立管的汇水面积。

(3) 求每根立管的泄水量。

(4) 按堰流式雨水系统查教材中的附表确定立管管径。

14. 答：天沟外排水系统的天沟形状和几何尺寸的设计计算步骤如下。

(1) 确定分水线，求每条天沟的汇水面积 F。

(2) 求 5min 的暴雨强度 q_5。

(3) 求天沟的设计流量 $Q_{设}$。

(4) 初步确定天沟的形状和几何尺寸。

(5) 求天沟过水截面面积 W。

(6) 求流速 v。

(7) 求天沟允许通过的流量 $Q_{允}$。

(8) 若天沟的设计流量 $Q_{设}$ 小于或等于天沟的允许通过流量 $Q_{允}$，确定立管管径；若天沟的设计流量 $Q_{设}$ 大于天沟的允许通过的流量 $Q_{允}$，改变天沟的形状和几何尺寸，增大天沟的过水截面面积 W，重新计算。

15. 答：雨水斗分重力式和虹吸式两类。

重力式雨水斗由顶盖、进水格栅（导流罩）、短管等构成。重力式雨水斗有65式、79式、87式三种。

虹吸式雨水斗由顶盖、进水格栅、扩容进水室、整流罩（二次进水罩）、短管等组成。

16. 答：建筑屋面雨水排水工程应设置溢流口、溢流堰、溢流管系等溢流设施，溢流排水不得危害建筑设施和行人安全。一般建筑的重力流屋面雨水排水工程与溢流设施的总排水能力不应小于10年重现期的雨水量。重要公共建筑、高层建筑屋面的雨水排水工程与溢流设施的总排水能力不应小于50年的重现期的雨水量。

8.5 计算题

1. 答：裙房与高层建筑相邻一面墙，其汇水面积按高出墙面积的1/2计，所以，裙房屋面汇水面积为

$$F_W=30\times15+\frac{15\times(46-16)}{2}=450+225=675\text{m}^2$$

2. 答：(1) $P=3$ 年时，$q_s=319\text{L}/(\text{s}\cdot\text{hm}^2)$，则

$$q_3=0.9q_sF=0.9\times319\times1500/10000=43.1\text{L/s}$$

(2) $P=10$ 年时，$q_s=400\text{L}/(\text{s}\cdot\text{hm}^2)$，则

$$Q_{10}=0.9q_sF=0.9\times400\times3000/10000=108\text{L/s}$$

3. 答：(1) 计算该地区5min的小时降雨深度

$$h_5=401\times0.36=144.36\text{mm/h}$$

(2) 查表：87式雨水斗多斗系统，雨水斗口径为 $D_0=100\text{mm}$

(3) 计算每个雨水斗的设计流量

$$Q_1=\frac{\psi Fq_5}{10000}=\frac{0.9\times278\times401}{10000}=10.03\text{L/s}$$

(4) 连接管管径 D_2 与雨水斗口径相同，$D_2=D_1=100\text{mm}$

(5) 悬吊管设计。每根悬吊管设计排水量

$$Q_2=3Q_1=3\times10.03=30.09\text{L/s}$$

悬吊管的水力坡度

$$I_x=\frac{h+\Delta h}{L}=\frac{0.5+0.6}{21\times2+11}=0.21$$

查铸铁悬吊管水力计算表，悬吊管管径 $D_3=200\text{mm}$，悬吊管不变径。

(6) 立管只连接一根悬吊管，立管管径 D_4 与悬吊管管径相同，$D_4=D_3=200\text{mm}$。

(7) 排出管管径 D_5 与立管相同，$D_5=D_4$。

(8) 埋地干管按最小坡度0.003敷设，埋地干管总长

$$L=18\times3+11=65\text{m}$$

埋地干管的水力坡度

$$I_g=\frac{h+\Delta h}{L}+\frac{1+65\times0.003}{65}=0.018$$

埋地干管选用混凝土排水管，查满流横管水力计算表，管段1～2的管径与立管相同为200mm，管段2～3的管径250mm，管段3～4和4～5的管径均为300mm。

4. 答；(1) 天沟过水截面面积

$$W=BH=0.35\times0.15=0.0525\text{m}^2$$

(2) 天沟的水力半径

$$R=W/(B+2H)=0.0525/(0.35+2\times 0.15)=0.081\text{m}$$

(3) 天沟的水流速度

$$u=\frac{1}{n}R^{\frac{2}{3}}I^{\frac{1}{2}}=\frac{1}{0.025}\times 0.081^{\frac{2}{3}}\times 0.006^{\frac{1}{2}}=0.58\text{m/s}$$

(4) 天沟允许泄流量

$$Q_{允}=W_{u}=0.0525\times 0.58$$
$$=0.03045\text{m}^3/\text{s}=30.45\text{L/s}$$

(5) 每条天沟的汇水面积

$$F_W=45\times 18=810\text{m}^2$$

(6) 天沟的雨水设计流量

$$Q_{设}=\frac{\psi F_W q_5}{10000}=\frac{0.9\times 810\times 243}{10000}=17.71\text{L/s}$$

天沟允许泄流量大于雨水设计流量，满足要求。

(7) 雨水斗的选用。按重力半有压流设计，查“雨水斗最大泄流量表”，选用 150mm 87 式雨水斗最大允许泄流量 32L/s，满足要求。

(8) 立管选用。按每根立管的雨水设计流量 17.71L/s，查“重力流立管最大允许泄流量表”，立管可选用塑料管 125mm×3.7mm，但单斗系统雨落水管管径不得小于雨水斗口径，所以立管管径选用塑料管 160mm×4.7mm。

(9) 溢流口计算。在天沟末端山墙上设溢流口，溢流口宽取 0.35m，堰上水头取 0.15m。溢流口排水量

$$Q_y=mb\sqrt{2g}h^{\frac{3}{2}}=385\times 0.35\sqrt{2\times 9.81}\times 0.15^{\frac{3}{2}}=34.67\text{L/s}$$

溢流口排水量大于雨水设计流量，即使雨水斗和雨落水管被全部堵塞，也能满足溢流要求。

9 居住小区给排水和建筑中水工程

9.1 填空题

1. 环状给水管网与城镇给水管的连接管不宜小于两条，当其中一条发生故障时，其余的连接管应通过不小于__________的流量。

2. 小区道路、广场的浇洒用水定额可按浇洒面积__________计算。

3. 居住小区给水管道可分为接户管、__________、__________，在布置小区给水管道时，按照__________、__________、__________的顺序进行。

4. 居住小区室外消防管道的管径不小于__________。

5. 室外给水管道管顶最小覆土深度不得小于土壤冰冻线以下__________m，行车道下的管线覆土深度不宜小于__________m。

6. 小区给水干管宜沿用水量__________的地段布置，且以最短的距离向大户供水。小区给水支管和接户管一般为__________。

7. 为了防止水质受到污染，小区生活用水与消防用水合用贮水池中抽水的消防水泵出水管上，应设置__________。

8. 为便于小区管网的调节与检修，应在与城市管网连接处的小区给水引入管段上、与小区给水干管连接处的小区给水支管起端或接户管起端设置__________；小区贮水池、加压泵房、加热器、减压阀、倒流防止器等处应按安装要求配置__________；小区室外环状管网的节点处，应按分隔要求设置__________，当环状管段过长时，应设置__________。

9. 在小区加压水泵出水管上、直接从城镇给水管网接入小区的引入管上、进出水管合用一条管道的水塔和高地水池的出水管道上均要设置__________。

10. 居住小区管道进行水力计算时，除水表外其他局部水头损失按沿程水头损失的__________计算。

11. 小区室外采用生活-消防共用系统时，应用生活流量叠加区内的__________最大消防流量，对管道进行水力计算校核，管道末梢的室外消火栓从地面算起的水压不得低于__________。

12. 当小区内无水塔或高位水箱时，水泵出水量按小区给水系统的__________确定，生活与消防合用给水管道系统应以__________进行校核；当小区给水系统有水塔或高位水箱时，水泵出水量按__________确定。

13. 居住小区排水体制分为__________和__________。

14. 在布置小区排水管网时，干管应靠近主要排水建筑物，并布置在__________的一侧。

15. 小区排水接户管的埋设深度，不得高于土壤冰冻线以上________，且覆土厚度不得小于________；小区干管和小区组团道路下的管道，覆土厚度不宜小于________。当采用埋地塑料管时，排出管埋深不高于土壤冰冻线以上________。

16. 小区雨水系统的组成部分包括________、________、________、________及________等。

17. 居住小区的设计重现期一般为________年。

18. 为了防止流速过大冲刷损害管道，居住小区排水管道的最大设计流速，金属管为________，非金属管为________。管道自净流速为________。

19. 建筑中水系统是水质介于________、________之间的水道系统。

20. 根据排水收集和中水供应范围大小，建筑中水系统又分为________和________。

21. 建筑中水系统由________、________和________三部分组成。

22. 中水处理系统由________、________和________三部分组成。

23. 在中水系统的设计中，为了保证中水处理设备的正常运转，要求中水水源的原水量，不小于中水用水量的________。

24. 当中水供水系统采用水泵-水箱联合供水方式时，中水高位水箱的调节容积不小于中水系统最大小时用水量的________。

25. 以生活污水为中水原水的中水处理工程，在建筑物粪便排水系统中设置化粪池，化粪池容积按粪便污水在池内停留时间不小于________计算。

9.2 单项选择题

1. 居住小区绿化浇灌用水定额按浇灌面积（　　）计算。

A. 2.0～3.0L/(m^2·d)　　B. 1.0～3.0L/(m^2·d)

C. 2.0～4.0L/(m^2·d)　　D. 1.0～2.0L/(m^2·d)

2. 居住小区管网漏失水量和未预见水量之和，可按最高日用水量的（　　）计算。

A. 10%～15%　B. 5%～10%　C. 10%～20%　D. 15%～20%

3. 居住小区室外给水管道外壁距建筑物外墙的净距不宜小于（　　），且不得影响建筑物的基础。

A. 1.1m　B. 0.8m　C. 1.2m　D. 1.0m

4. 居住小区给水设计用水量，包括（　　）。

A. 居民生活用水量，公共建筑用水量，水景、娱乐设施用水量，绿化用水量，道路、广场用水量，公共设施用水量，未预见水量及管网漏失水量

B. 居民生活用水量，公共建筑用水量，水景、娱乐设施用水量，公共设施用水量，未预见水量及管网漏失水量和消防用水量

C. 居民生活用水量，公共建筑用水量，水景、娱乐设施用水量，绿化用水量，道路、广场用水量，公共设施用水量，未预见水量及管网漏失水量和消防用水量

D. 居民生活用水量，公共建筑用水量，绿化用水量，道路、广场用水量，公共设施用水量，未预见水量及管网漏失水量和消防用水量

5. 某住宅小区，小区设计用水量为20L/s，室外给水管网为环状管网，有2条与市政给

水管连接的管段，当其中 1 条给水连接管发生故障时，另一条给水连接管至少要通过（　　）流量。

A. 15L/s　　B. 14L/s　　C. 20L/s　　D. 10 L/s

6. 已知小区土壤冰冻线为 0.4m，室外埋地给水管敷设在行车道下，则该小区室外给水管管顶最小覆土厚度为（　　）。

A. 0.55m　　B. 0.4m　　C. 1.0m　　D. 0.7m

7. 某居住小区，室外给水管网为环状管网，给水管网上设有室外消火栓，经水力计算小区室外给水管管径为 DN80mm，在设计时，环状管网的管径取（　　）。

A. DN100mm　　B. DN80mm　　C. DN150mm　　D. DN200mm

8. 关于居住小区雨水口的设置，下列布置地点不正确的是（　　）。

A. 建筑雨水落水管的附近　　B. 道路上汇水点及低洼处

C. 单向坡路面在路面低的一边　　D. 建筑单元入口

9. 居住小区生活排水系统排水定额为其相应的生活给水系统用水定额的（　　）。

A. 90%～95%　　B. 75%～85%　　C. 85%～95%　　D. 70%～80%

10. 居住小区加压泵站的贮水池有效容积，其生活用水调节量应按流入量和供出量的变化曲线经计算确实，资料不足时可按下列哪项确定？（　　）

A. 最高日最大小时用水量确定

B. 最高日平均小时用水量的 1.5 倍确定

C. 最高日用水量的 10%确定

D. 最高日用水量的 15%～20%确定

11. 居民小区内生活排水设计流量的确定，下列何项符合要求？（　　）

A. 按住宅生活排水平均小时流量与公共建筑生活排水平均小时流量之和计

B. 按住宅生活平均日流量与公共建筑生活排水平均小时流量之和计

C. 按住宅生活排水最大小时流量与公共建筑生活排水最大小时流量之和计

D. 按住宅生活排水最大日流量与公共建筑生活排水最大日流量之和计

12. 设计重现期应根据汇水区域的重要程度、地形条件、地形特点和气象特征等因素确定，小区的设计重现期一般为（　　），下沉式广场、地下车库坡道出入口的设计重现期为（　　）。

A. 1～3 年　10～50 年　　B. 1～3 年　5～50 年

C. 1～3 年　2～5 年　　D. 2～5 年　5～50 年

13. 某一居住小区，室外地面总面积为 10000m²，其中，沥青路面 2500m²，绿地面积 6000m²，块石路面为 1500m²，这片小区地面的雨水径流系数为（　　）。

A. 0.405　　B. 0.50　　C. 0.505　　D. 0.400

14. 居住小区雨水管道设计降雨历时的折减系数，小区支管和接户管：M=（　　）；小区干管：暗管 M=（　　），明沟 M=（　　）。

A. 1　2　1.2　　B. 1.5　2　1.2　　C. 1　1.5　2　　D. 1　1.2　2

15. 下列（　　）属于中水水源中的优质杂排水。

A. 沐浴排水、盥洗排水、冷却水、游泳池排水、洗衣排水、厨房排水

B. 盥洗排水、冷却水、游泳池排水、洗衣排水、厨房排水

C. 沐浴排水、盥洗排水、冷却水、洗衣排水

D. 沐浴排水、盥洗排水、冷却水、游泳池排水、洗衣排水、厨房排水、厕所排水

16. 下列（　　）属于中水水源中的生活排水。

A. 沐浴排水、盥洗排水、冷却水、游泳池排水、洗衣排水、厨房排水

B. 盥洗排水、冷却水、游泳池排水、洗衣排水、厨房排水

C. 沐浴排水、盥洗排水、冷却水、洗衣排水

D. 沐浴排水、盥洗排水、冷却水、游泳池排水、洗衣排水、厨房排水、厕所排水

17. 下列可作为建筑小区中水水源的是（　　）。

A. 小区内建筑物杂排水、小区内的雨水　B. 城市污水处理厂经生物处理后的出水

C. 小区附近相对洁净的工业废水　D. 海水

18. 下列关于中水水源的说法，错误的是（　　）。

A. 普通厨房排水作为中水水源时应先经过隔油处理

B. 公共餐厅内的厨房排水作为中水水源时应先经过隔油处理

C. 综合医院污水含有较多病菌，作为中水水源时须经消毒处理，产生的中水用在不与人直接接触的供水系统

D. 传染病医院、结核病医院污水含有多种传染病菌、病毒、放射性废水会对人体造成伤害，是不能作为中水水源来用的。

19. 某建筑中水水源有以下几类：①沐浴排水；②盥洗排水；③冷却水；④游泳池排水；⑤洗衣排水；⑥厨房排水；⑦冲厕排水。其选取顺序为（　　）。

A. ①②③④⑤⑥⑦　B. ①②④⑤③⑥⑦

C. ①③④②⑤⑥⑦　D. ②①④⑤③⑥⑦

20. 某建筑设计中水日用水量 $300m^3/d$，使用时间为早 6 时至下午 18 时，中水处理设备运行时间为 6h，自耗水量为处理水量的 10%，试求中水调节池的有效容积为（　　）。

A. $180m^3$　B. $144m^3$　C. $216m^3$　D. $18m^3$

21. 以下有关建筑中水的叙述中哪一项是不正确的？（　　）

A. 建筑中水处理系统由预处理、主处理、后处理三部分组成

B. 中水系统包括原水系统、处理系统、供水系统三部分

C. 中水系统分为合流集水系统和分流集水系统两类

D. 中水原水收集系统是指收集、输送中水原水到中水处理设施的管道系统和一些附属构筑物

22. 中水系统不包括（　　）。

A. 原水系统　B. 排水系统　C. 处理系统　D. 供水系统

23. 关于中水原水收集系统的设计，下列说法中错误的是（　　）。

A. 原水系统设分流、溢流设施，以便于中水处理设施检修维护时，将部分或全部原水排放

B. 室内外原水管道及附属构筑物均应采取防渗、防漏措施，并应有防止不符合水质要求的排水接入的措施，井盖做“中水”标志

C. 水源为杂排水时，可直接进入原水集水系统

D. 采用雨水作为中水水源或补充水源时，要有可靠的调贮容量和溢流排放设施

24. 中水系统的水量平衡是指（　　）。

A. 中水原水量和中水用水量的水量相等

B. 通过设置调贮设备使中水处理量适应中水原水量和中水用水量的不均匀变化

C. 采取原水溢流和自来水的补给措施，达到供需平衡

D. 设置足够容量的调节池和中水池，使其满足处理设备运行需要

25. 为了防止中水被误接、误用，下列做法中，错误的是（　　）。

A. 公共场所及绿地的中水取水口刷黄色

B. 中水管道外壁按规定涂色

C. 工程验收逐段进行检查，防止误接

D. 中水水箱、系统中阀门等处设“中水”标志

26. 中水供水管道上不得装设（　　）。

A. 阀门　　B. 取水龙头　　C. 取水接口　　D. 水表

27. 当中水处理系统中采用氯化消毒时，消毒接触时间为（　　）。

A. 30min　　B. 15min　　C. 60min　　D. 40min

28. 以下居住小区跟公共建筑生活排水定额及小时变化系数的叙述，哪项正确？（　　）

A. 居住小区生活排水定额与其相应的生活给水系统用水定额不同，故二者的小时变化系数也不相同

B. 居住小区生活排水定额小于其相应的生活给水系统用水定额，故二者的小时变化系数相同

C. 公共建筑生活排水定额等于其相应的生活给水系统用水定额，故二者的小时变化系数不相同

D. 公共建筑生活排水定额小于其相应的生活给水系统用水定额，故二者的小时变化系数也不相同

29. 下列有关建筑中水的叙述中，哪项错误？（　　）

A. 中水的生产平衡是针对平均日水量进行计算

B. 中水供应设施的水池（箱）调节容积，应按最高日用水量设计

C. 中水供水系统和中水设施的自来水补水管道上均应设计计量装置

D. 中水原水和处理设施出水满足系统最高日用水量时可不设补水设施

30. 下列关于中水处理和其水质要求的说法中，哪项正确？（　　）

A. 中水用于景观水体时可不进行消毒以免伤害水中鱼类等生物

B. 当住宅区内的中水用于植物滴灌时，可不做消毒处理

C. 当中水用于冲厕时，其水质应符合有关国家标准的规定

D. 中水用于多种用途时，处理工艺可按用水量最大者的水质要求确定

9.3　多项选择题

1. 建筑小区中水可选择的水源包括：（　　）。

A. 海水　　B. 相对洁净的工业排水

C. 小区生活污水　　D. 小区内的雨水

2. 居民小区生活排水系统排水定额是其相应的生活给水系统用水定额的 85%～95%，其取值受诸多因素影响，一般可按以下哪几项确定？（　　）

A. 大城市的小区取高值

B. 小区埋地管道采用塑料排水管取高值

C. 小区埋地管道采用塑料排水管取低值

D. 小区地下水位低取最低值

3. 建筑小区的中水系统形式可以采用下列哪几种？（　）

A. 全部完全分流系统

B. 部分完全分流系统

C. 不完全分流系统

D. 中水供水与生活给水合流系统

4. 北方地区某多层住宅楼采用斜屋面，屋面板上隔热层厚度 0.2m，当地最大积雪厚度 0.5m，下面伸顶通气管高出屋面板的高度哪几项不符合要求？（　　）

A. 0.3m　　B. 0.5m　　C. 0.7m　　D. 0.8m

5. 下列计算居住小区室外给水管道设计流量时，节点流量的确定哪几项是正确的？（　）

A. 给水管网的未预见水量、漏失水量均不计入节点流量

B. 小区内配套的文体、商铺等设施均以其生活用水设计秒流量计算节点流量

C. 小区内配套的文教、医疗保健等设施均以其平均用水小时平均秒流量计算节点流量

D. 住宅建筑均以生活用水设计秒流量计算节点流量

6. 居住小区生活排水系统的排水定额为其相应给水定额的 85%～95%；在确定排水定额时，该百分数的取值应遵循下列哪几项原则？（　）

A. 地下水位高时取高值　　B. 地下水位低时取高值

C. 大城市的小区取高值　　D. 埋地管采用排水塑料管时取高值

7. 下列建筑和居住小区排水体制的选择中，哪几项是不正确的？（　）

A. 新建居住小区室外有市政排水管道时，应采用分流制排水系统

B. 新建居住小区室外暂无市政排水管道时，应采用合流制排水系统

C. 居住小区内建筑的排水体制应与小区排水体制相一致

D. 生活污水需初步处理后才允许排入市政管道时，建筑排水系统宜采用分流制排水系统

8. 居住区公用绿地洒采用中水时，下列哪些污水可作为中水水源？（　）

A. 结核病防治所污水

B. 营业餐厅的厨房污水

C. 经消毒的综合医院污水

D. 办公楼粪便污水

9.4 问答题

1. 居住小区给水水源有哪些？其各自特点有哪些？

2. 小区给水系统分类及小区给水系统选择的原则是什么？

3. 请简述小区供水方式。如何选择小区供水方式？

4. 居住小区给水管道布置和敷设时需考虑哪些因素？

5. 居住小区设计用水量包括哪些？其中不属于正常用水项目的是哪些？不属于正常用水的项目，在管网的设计中起什么作用？

6. 在居住小区的管道附件中，常使用阀门作为附件，请问在小区给水管道中哪些部位需要安装阀门？

7. 居住小区排水体制有哪些？如何确定排水体制？

8. 居住小区排水管道布置的原则有哪些？

9. 居住小区排水管道最小覆土深度是如何确定的？

10. 居住小区排水管道的管材有哪些？在管材的选取上，需要注意的问题和基本原则是什么？

11. 在小区哪些位置设置雨水口？

12. 当在室外下沉地面或下沉广场设置雨水系统时，注意事项有哪些？

13. 如何确定居住小区内生活排水的设计流量？

14. 什么是中水？什么是建筑中水工程？

15. 合理开发建筑中水工程有什么意义？

16. 建筑中水系统中原水集流方式有哪些？

17. 请简述中水供水系统。

18. 如何选择建筑物中水水源？

19. 建筑中水水源有几种组合，各自特点是什么？

20. 若选用普通厨房排水和医院排水作为中水水源时，应注意哪些方面？

21. 建筑小区中水水源选择的一般原则有哪些？

22. 为保证中水作生活杂用水安全可靠，中水供水水质必须满足哪些基本要求？

23. 如何根据中水用途不同，选择不同的水质标准？

24. 在绘制水量平衡图时，需要明确哪些内容？

25. 水量平衡的措施有哪些？

26. 中水处理系统由哪几部分组成的，各个组成部分有什么作用？

27. 当中水原水为优质杂排水或杂排水时，水处理工艺的主要特点是什么？请绘制常用的水处理工艺流程。

28. 当中水原水为城市污水处理厂或污水处理站二级处理出水时，水处理工艺的主要特点是什么？请绘制常用的水处理工艺流程。

29. 在中水处理设施后设置中水调节池，其作用是什么？如何确定调节池的容积？

30. 在中水处理工程附属处理设施中，对格栅有什么基本要求？

9.5 计算题

1. 某一居住小区，室外总面积为 $20hm^2$，其中，公园绿地占 $8hm^2$，非铺砌地面为 $5hm^2$，混凝土路面为 $3hm^2$，块石路面为 $4hm^2$，请问该小区的雨水径流系数为多少？雨水径流系数如下。

某小区地面雨水径流系数

地面种类	公园绿地	非铺砌地面	混凝土路面	块石路面
径流系数	0.15	0.3	0.9	0.6

2. 某一居住小区有 4 栋 8 层住宅和 1 栋 2 层商场，室外排水管道布置简图如图 9-1 所示。1、2、3 号住宅生活排水最大小时流量为 90000L/h，商场的生活排水最大小时流量为 7200L/h，小区室外排水用埋地塑料管，塑料管的粗糙系数为 0.009，试确定室外排水管道

的管径、坡度和流速？

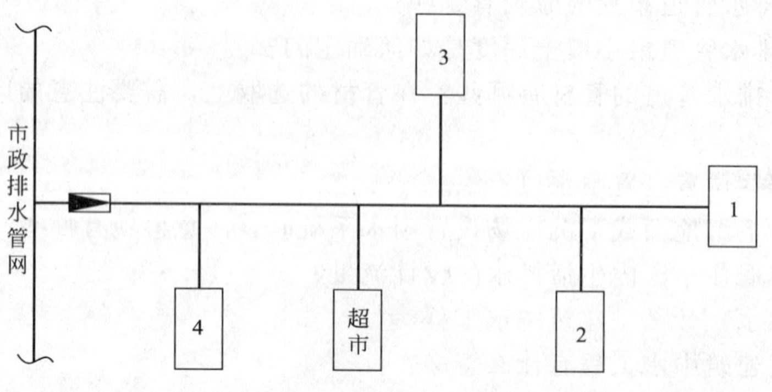

图 9-1　小区排水管道布置简图

3. 已知某一住宅小区，拟建中水工程，已知中水用水量为 $56m^3/d$，中水原水集流水量为 $60m^3/d$，中水处理站自耗水系数取 10%，试计算中水系统的生活用水日补给水量。

4. 某一居住区选用生活排水作为中水水源，该小区最高日用水量为 $500m^3/d$，试求该小区中水原最小水量。

5. 某一居住小区设中水系统，采用沐浴、盥洗及洗衣废水作为中水水源，试求该小区中水原最小水量。

6. 某居住小区中水处理系统，选用沐浴、盥洗及洗涤废水作为中水水源，可作为中水的原水集流水量为 $40m^3/d$，系统无溢流水量，处理后的中水用作冲厕和绿化用水，中水用水量为 $35m^3/d$，如中水处理设备连续运行，试求原水调节池容积和中水调节池调节容积。

7. 某居住小区中水处理系统，选用沐浴、盥洗及洗涤废水作为中水水源，厨房废水不回用，处理后的中水用作冲厕和绿化用水，用作中水原水集流水量为 $105m^3/d$，厨房废水为 $23m^3/d$，厨房排水量系数取 0.9，冲厕回用废水为 $30m^3/d$，冲厕排水量系数为 1.0，绿化用水为 $18m^3/d$，中水处理设备自用水量取中水用水量的 15%，试求中水溢流水量和中水系统污水排放量。

8. 某城镇新建一栋住宅，共 32 户，每户平均按 4 人计算，每户设有坐便、淋浴器、洗脸盆和厨房洗涤盆各一个，当地取水量标准为 200L/(人·d)。拟建中水工程用于冲洗便器、庭院绿化及道路洒水，绿化和道路洒水量按日用水量的 10% 计算。经调查，各项用水所占百分比和各项用水使用中损失水量百分数如下，试做水量平衡，并绘制水量平衡图。

各项用水量占日用水量百分比及折减系数

	冲厕用水	厨房用水	淋浴用水	盥洗用水	洗衣用水
占日用水百分数/%	20	20	31	6.5	22.5
折减系数 β	1	0.8	0.8	0.8	0.8

9.6　参考答案

9.1　填空题

1. 70%

2. 2.0～3.0L/(m^2·d)

3. 小区给水支管　小区给水干管　干管　支管　接户管

4. DN100mm

5. 0.15　0.70

6. 大　枝状

7. 倒流防止器

8. 阀门　阀门　阀门　分段阀门

9. 止回阀

10. 15％～20％

11. 一次火灾　0.1MPa

12. 设计流量　消防工况　最大时流量

13. 分流制　合流制

14. 连接支管较多

15. 0.15m　0.3m　0.7m　0.5m

16. 雨水口　雨水口连接管　检查井　跌水井　雨水管道

17. 1～3

18. 10m/s　5m/s　0.6m/s

19. 给水　排水

20. 建筑物中水系统　建筑小区中水系统

21. 原水系统　处理系统　供水系统

22. 前处理　主要处理　后处理

23. 110％～115％

24. 50％

25. 12h

9.2　单项选择题

1. B	2. A	3. D	4. C	5. B	6. D	7. A	8. D	9. C	10. D
11. C	12. B	13. A	14. A	15. C	16. D	17. D	18. B	19. A	20. C
21. C	22. B	23. C	24. B	25. A	26. B	27. A	28. B	29. B	30. C

9.3　多项选择题

1. BCD　2. AB　3. ABC　4. ABC　5. AC　6. ACD　7. BD

8. BCD

9.4　问答题

1. 答：小区给水水源有城市管网水源和自备水源两大类。城市给水管网水源的水质已经达到了国家饮用水水质标准，基本上能满足小区用水水质要求，无特殊情况时，不需要再处理。小区多采用城市管网作为小区水源。当小区远离城市给水管网水源或小区虽靠近城市管网，但管网的水量不足小区使用水量时，可采用自备水源，小区自备水源常采用地下水源或地表水源。当地下水源或地表水源的水质不能满足小区用水水质要求时，需进行处理。

2. 答：小区室外给水系统按照用途可分为生活用水、消防用水、生活-消防共用给水系统三类。若小区中的建筑物不需要设置室内消防给水系统，火灾扑救仅靠室外消火栓或消防车时，宜采用小区生活和消防共用的给水系统。若居住小区中的建筑物需要设置室内消防给水系统，宜将小区生活和消防给水系统分开各自独立设置。

3. 答：小区供水方式可分为市政给水管网直接供水、小区二次加压供水及混合供水等。

选择小区供水方式应根据城市供水现状、用水要求及小区规模等因素，对供水方式的技术指标、经济指标和社会环境指标进行综合评判后确定。一般情况下，当市政给水管网满足小区供水要求时，利用市政给水管网的水压直接供水；当市政管网不满足小区供水要求时，设置加压装置或贮水调节装置。

4. 答：布置小区给水管道时，按照干管、支管、接户管的顺序进行。当布置成环状时，给水干管与城镇给水管的连接管不小于两条，当其中一条发生故障时，其余的连接管应能通过不小于70%的流量。小区给水干管宜沿用水量大的地段布置，且以最短的距离向大户供水。小区给水支管和接户管一般为枝状。

居住小区室外给水管道，应沿区内道路平行于建筑物敷设，宜敷设在人行道、慢车道或草地下；管道外壁距建筑物外墙的净距不宜小于1m，且不得影响建筑物的基础。给水管道与建筑物基础的水平净距与管径有关，管径为50～75mm时，不宜小于1m；管径为100～150mm时，不宜小于1.5m。应尽量减少给水管线与其他管线的交叉，不可避免时，给水管应在排水管上面。

5. 答：居住小区用水量包括：居民生活用水量，公共建筑用水量，水景、娱乐设施用水量，绿化用水量，道路、广场用水量，公共设施用水量，未预见水量及管网漏失水量和消防用水量。其中消防用水量不属于正常用水，在管网的设计中，消防用水起到校核管网的作用。

6. 答：应在与城市管网连接处的小区给水引入管段上、与小区给水干管连接处的小区给水支管起端或接户管起端设置阀门；小区贮水池、加压泵房、加热器、减压阀、倒流防止器等处应按安装要求配置阀门；小区室外环状管网的节点处，应按分隔要求设置阀门，当环状管段过长时，应设置分段阀门。

7. 答：居住小区排水体制分为分流制和合流制。排水体制的选择，与小区建筑排放的污、废水性质、市政排水体制、污、废水处理设施完善程度、污、废水是否再生回用、国家和当地对环境保护的要求等有关。排水体制的选择要以保证当地污、废水不污染环境为首要原则，其次考虑工程造价以及技术合理性。在满足环保要求的前提条件下，选择投资、运行成本最小的方案。经济条件好的小区、新建小区，宜采用分流制排水系统。

8. 答：生活排水管道的平面布置，应根据小区总体规划、道路和建筑物布置、各建筑物排出管及市政排水管接口的位置、排水流向、地形标高等实际情况，按照管线短、埋深小、尽量自流排出的原则确定。一般按照以下原则：排水管道宜沿建筑物和道路平行布置，路线最短，尽量减少转弯，并尽量避免和其他管线交叉；干管应靠近主要排水建筑物，并布置在连接支管较多的一侧；管道应尽量远离生活饮用水给水管道；管道应尽量布置在道路外侧的草地或人行道下面，不允许布置在铁路和乔木的下面；管道与道路、铁路交叉时，尽量垂直于路的中心线布置。

9. 答：最小覆土深度根据道路的行车等级、管材受压强度、地基承载力、土壤冰冻深度、管顶荷载情况以及室内排出管的埋深等因素综合确定。生活接户管的埋设深度，不得高于土壤冰冻线以上0.15m，且覆土厚度不得小于0.3m；小区干道和小区组团道路下的管道，覆土厚度不宜小于0.7m，如小于0.7m，应采用保护管道防止受压损坏的技术措施；采用埋地塑料管时，排出管埋深不高于土壤冰冻线以上0.5m。

10. 答：常见的排水管材有排水塑料管、承插式混凝土管和钢筋混凝土管。

在选取管材时，需要注意的有：当居住小区设有生活污水处理装置时，生活排水管道采用埋地排水塑料管；若连续排水温度大于40℃时，采用耐热排水塑料管或金属排水管；输送腐蚀性污水的管道采用塑料管；压力流排水管选用耐压塑料管、钢塑复合管或金属管；穿越管沟、河道等地段或承压管段采用钢管或铸铁管，若采用塑料管时，在塑料管外加金属套管，套管直径比塑料管外径大200mm；生态型人居环境的小区，宜选用新型软性生态排水材料管道；位于小区非车行道及其他路段下塑料排水管的环向弯曲刚度不小于$4kN/m^2$，位于道路下及车行道下塑料排水管的环向弯曲刚度不宜小于$8kN/m^2$。

11. 答：雨水口的设计位置要根据建筑物位置以及小区地形沿道路布置。一般在建筑雨水落水管的附近；道路上汇水点及低洼处；无分水点的人行横道上游；双向坡路面在路两边设置；单向坡路面在路面低的一边设置；道路交汇处；广场、停车场的适当位置处以及低洼处；地下车道入口处；建筑物单元入口处附近；小区空地、绿地的低洼处等设置雨水口。

12. 答：若有流入室内的可能时，应设水泵提升排水；当采用水泵提升排除下沉广场的雨水时，广场上方周围地面的雨水应通过土建设施进行拦截，不得进入下沉式广场；若这些下沉地面的积水在短时间内不会造成危害，可采用重力排水。

下沉式广场地面排水、地下车库出入口的明沟排水应设雨水集水池，雨水收集到集水池后由污水泵提升排至小区室外雨水检查井中。

下沉式广场设有建筑入口时，广场地面应比室内地面低15cm以上，否则，广场雨水径流按50年重现期计算。

13. 答：居住小区生活排水量小于小区生活给水量。居住小区生活排水系统排水定额为其相应的生活给水系统用水定额的85%～95%。居住小区排水系统小时变化系数与其相应的生活给水系统小时变化系数相同。公共建筑生活排水系统的排水定额和小时变化系数与其相应的生活给水系统的用水定额和小时变化系数相同。

居住小区生活排水管道的设计流量，不论是小区接户管、小区支管还是小区干管，均按住宅生活排水最大小时流量与公共建筑生活排水最大小时流量之和确定。

14. 答：中水主要指城市污水或生活污水经处理后达到一定的水质标准、可在一定范围内使用的非饮用的杂用水，水质介于给水和排水之间。

建筑中水工程指民用或居住小区内使用过的各种排水，收集后经过适当处理，用于建筑物内或小区内进行冲洗便器、冲洗汽车、绿化和浇洒道路。

15. 答：水是人类赖以生存和发展的重要物质资源之一。地球表面虽然有70%左右面积被水覆盖，不过可用的淡水资源却极其有限。尤其人类对水资源的不合理开发利用和水污染，更加剧了水资源的短缺。中水利用是实现污水资源化的有效途径，运作得好，可实现社会效益、环境效益、经济效益及资源效益四丰收，据有关资料，每日使用1万立方米的回用水，相当于建设一座400万立方米的水库。目前中水利用已受到世界各国的重视，是国际上公认的第二水源。

16. 答：原水集流方式有合流集流方式和分流集流方式两种。

(1) 合流集流方式。合流集流系统将生活污水和废水用一套管道排出的系统，合流集水系统的集流干管可根据中水处理站位置要求设置在室内或室外。这种集水系统具有管道设计简单、水量充足稳定的优点。不过，采用这种集流系统收集的原水水质差、中水处理工艺复杂、工程造价高，处理成本高，并且处理站容易对周围环境造成污染，用户对中水接受程度低。

(2) 分流集流方式。分流集水系统是将生活污水和生活废水根据其水质情况的不同分别排出的系统，中水原水水质较好，处理工艺较简单，工程造价低，处理成本较低，处理站对周围环境造成的影响较小，这种系统比较能够符合用户的习惯和心理要求，容易被接受。不过，采用这种集流系统需要设置两套排水管网和两套供水管网，增加了管道系统的费用，给设计带来了一些麻烦。一般适用于洗浴设备和厕所分开布置的住宅、公寓，有集中盥洗设备的写字楼、集体宿舍、办公楼、旅馆、大型宾馆、饭店和职工浴室等建筑。

17. 答：中水供水系统由中水配水管网、中水贮水池、中水高位水箱、控制附件和配水附件、计量设备组成。中水供水系统是将处理后水质合格的中水经中水站送到各个用水点。按用途可分为生活杂用水供水系统和消防用水系统，有些地方将这两种系统组合为生活杂用-消防中水系统。根据建筑物高度、室内中水管网所需要水压、室外中水压力等要求，中水供水方式和室内给水方式相似，有直接供水方式、单设水箱供水方式、设水泵供水方式、水泵与水箱联合供水方式、分区供水方式、分质供水方式等。

18. 建筑物中水系统的水源可取建筑生活排水或其他可利用的水源，根据水源的水质、水量、排水状况和中水回用的水质、水量选定。按污染程度的轻重，建筑中水水源有以下几种。

(1) 沐浴排水。卫生间、公共浴室的浴盆和淋浴等排放的废水。这类排水的有机物和悬浮物浓度都较低，但阴离子洗涤剂的含量可能较高。

(2) 盥洗排水。洗脸盆、洗手盆和盥洗槽排放的废水。水质与沐浴排水相近，但悬浮物浓度较高。

(3) 冷却水。排除空调循环冷却水系统的排水。水质污染较轻，但水温较高。

(4) 游泳池排水。游泳池排放的废水。水质污染较轻。

(5) 洗衣排水。宾馆洗衣机排水。水质与盥洗排水相近，不过洗涤剂含量高。

(6) 厨房排水。厨房、食堂和餐厅排放的污水。污水中有机物浓度、油脂含量和浊度都较高。

(7) 冲厕排水。大便器和小便器排放的污水。水质最差，有机物浓度、细菌含量和悬浮物浓度都很高。

19. 答：3种组合，分别是优质杂排水、杂排水与生活排水。

(1) 优质杂排水。中水水源中受污染较轻的几种排水组合，这种组合中水的有机物浓度和悬浮物浓度都低，水质好，处理容易，处理费用低。如沐浴排水、盥洗排水、冷却水、游泳池排水、洗衣排水等的组合。

(2) 杂排水。除冲厕排水外的其他 6 种排水的组合，杂排水中含有厨房排水，所以有机物浓度和悬浮物浓度都较高，油脂含量也较高，处理费用比优质杂排水高。如沐浴排水、盥洗排水、冷却水、游泳池排水、洗衣排水和厨房排水的组合。

(3) 生活排水。生活排水包括杂排水和厕所排水。因含有厨房排水和粪便污水，水中有机物高，氮磷及细菌含量也很高，处理费用最高。

20. 答：普通厨房排水作为中水水源一般应先经过隔油处理；综合医院污水含有较多病菌，作为中水水源时需经消毒处理，产生的中水用在不与人直接接触的供水系统；传染病医院、结核病医院污水含有多种传染病菌、病毒，放射性废水也会对人体造成伤害，是不能作为中水水源来用的。

21. 答：建筑小区中水水源应根据水量平衡和技术经济比较确定，并应优先选择水量充裕稳定、水质处理难度小、污染物浓度低、安全且居民易接受的中水水源。按照污染程度的轻重，建筑小区中水水源选取顺序为：小区内建筑物杂排水；城市污水处理厂经生物处理后的出水；小区附近相对洁净的工业废水；小区内的雨水；小区生活污水。

22. 答：首先要求外观上无使人不快的感觉，衡量指标有浊度、色度、表面活性剂和油脂；其次要求卫生上无有害物质，衡量指标有大肠菌群数、细菌总数、余氯量、生化需氧量等；再次要求不引起管道和设备的腐蚀、结垢，不造成维修管理困难，衡量指标有 pH 值、硬度等。

23. 答：中水供水水质标准按中水回用用途进行分类。中水用作冲厕、道路清扫、城市绿化、车辆冲洗和建筑施工等用途时，水质应符合现行的《城市污水再生利用，城市杂用水水质》中的有关规定；中水用于蔬菜浇灌、食用作物灌溉时，其水质符合《农田灌溉水质标准》的要求；中水用作景观环境用水，其水质符合《景观环境用水的再生水水质控制指标》的规定；中水用于其他用途时，其水质达到相应使用要求的水质标准；如果水质同时满足多种用途时，水质按最高水质标准确定。

24. 答：建筑物各用水点的排水量，要明确中水原水量和直接排水排水量；中水处理水量、原水贮存池调节水量；中水各用水点的用水量及中水总用水量；中水消耗量，要明确处理设备自用水量、溢流水量、泄空水量；自来水总用水量，包括各用水点的分项水量、中水系统的补给水量；规划范围内的污水排放量、中水回用量、自来水用量。

25. 答：水量平衡措施是指通过设置调贮设备使中水处理量适应中水原水量和中水用水量的不均匀变化，主要有下面几种方式：通过设置原水调节池、中水调节池和中水高位水箱来调节原水量、处理水量和用水量之间的不均衡；在原水管道进入中水处理站之前和中水处理设施之后分别设置分流井和溢流井，保障原水集水系统平衡；充分开辟其他中水用途，如绿化、浇洒道路、施工用水、采暖系统补水以及冷却水补水等，从而调节中水使用的季节性不平衡；利用水位信号控制处理设备自动运行，通过合理调节运行班次有效地调节水量平衡；在高位水箱上或中水贮存池设置自来水补水管，当中水供水不足或设备发生故障时，由自来水补充水量，以保障用户的正常使用。当采用自来水补水时，不允许自来水补水管与中水供水管道直接连接。

26. 答：由预处理、主要处理和后处理三部分组成。

预处理设施用来截留大的悬浮物和漂浮物，如化粪池、格栅和毛发聚集器。

主要处理设施用于去除水中的有机物、无机物等，如沉淀处理设施、气浮处理设施、生物处理设施等。

后处理设施是在中水水质高于杂用水时，根据需要增加的深度处理设施，如滤池、消毒处理等。

27. 答：因为原水中有机物浓度较低，处理目的是主要去除原水中的悬浮物和少量有机物，降低水中的色度和浊度。

物化处理工艺流程：

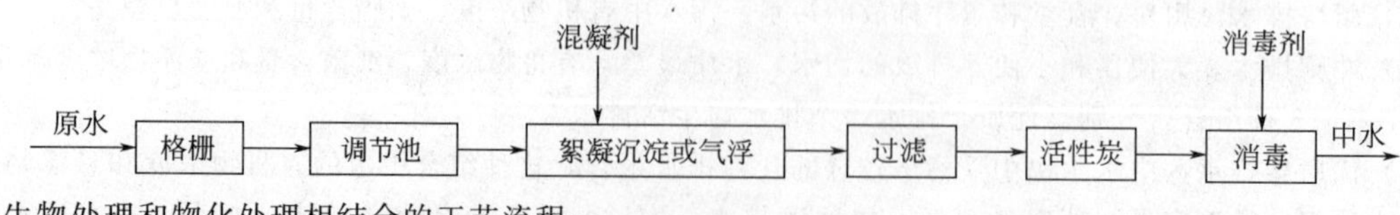

生物处理和物化处理相结合的工艺流程：

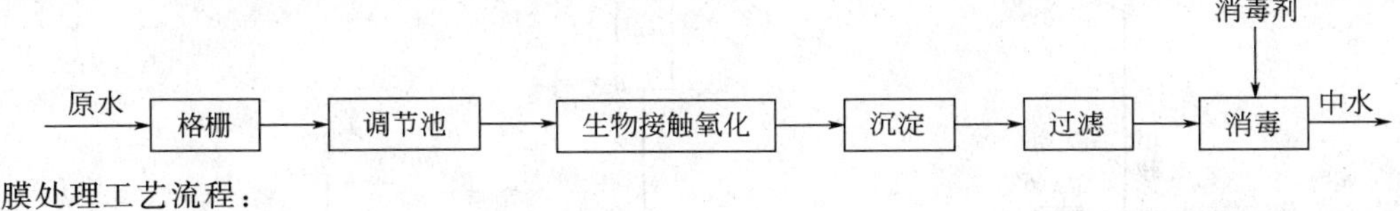

膜处理工艺流程：

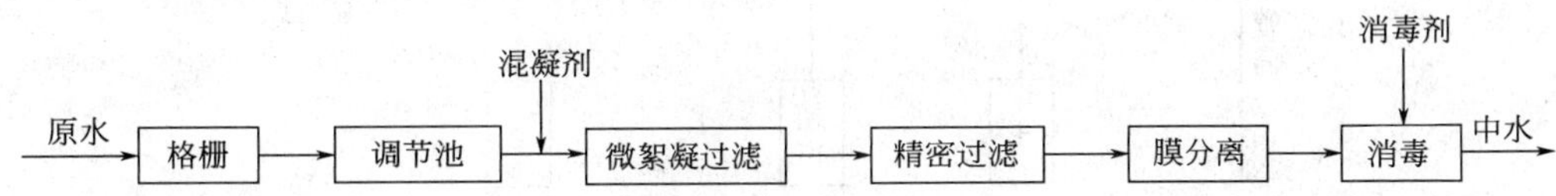

28. 答：主要去除原水中残留的悬浮物和降低色度、浊度为主。

物化法深度处理工艺流程：

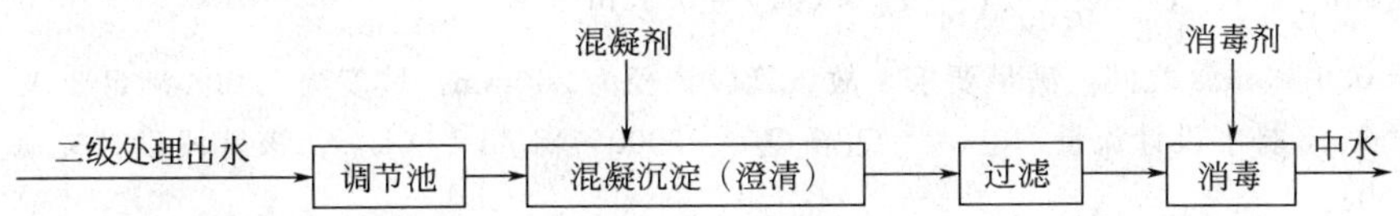

物化与生化结合的深度处理流程：

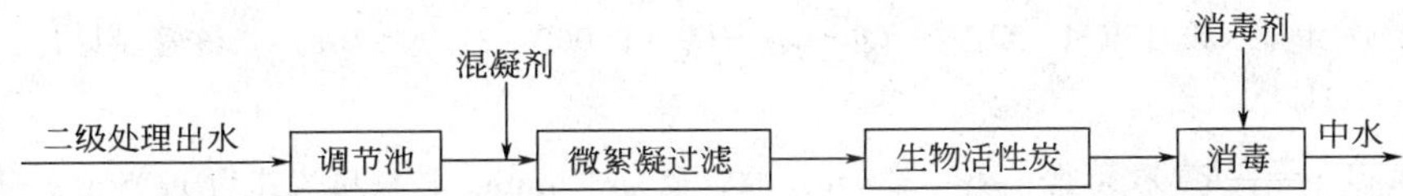

微孔过滤处理工艺流程：

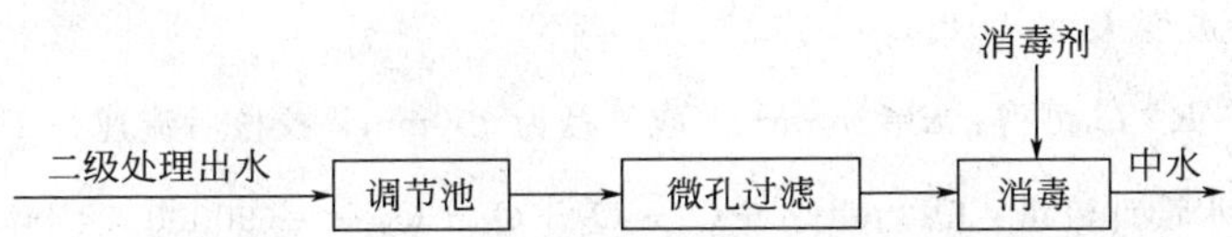

29. 答：作用是调节中水处理水量和中水供水量需求不均衡关系。

调节容积按中水处理量与中水用量的逐时变化曲线计算，若缺乏资料时，按下式计算：连续运行时，按中水系统日用水量的25%～35%计算；间歇运行时，按处理设备运行周期确定；当中水供水系统采用水泵-水箱联合供水方式时，中水高位水箱的调节容积不小于中水系统最大小时用水量的50%。

30. 答：中水处理系统中的格栅一般选择机械格栅。当原水是杂排水时，可设置一道格栅，栅条空隙宽度不大于 10mm；当原水为生活污水时，可设置二道格栅，第一道为粗格栅，栅条空隙宽度为 10～20mm，第二道为细格栅，栅条空隙宽度取 2.5mm。格栅设置在格栅井内时，格栅倾角不小于 60°，格栅井应设置工作台，其宽度不宜小于 0.7m，高度应高出格栅前最高设计水位 0.5m，格栅井应设置活动盖板。水流通过格栅的流速一般为 0.6～1.0m/s。

9.5 计算题

1. 答：$\psi=\dfrac{\sum F_i\psi_i}{F}=\dfrac{8\times0.15+5\times0.3+3\times0.9+4\times0.6}{20}=0.39$

2. 答：

(1) 对室外排水管道进行节点标注，如图 9-2 所示。计算管段确定为 1—2—3—4—5—6。

(2) 管道 1—2 的排水设计流量：$Q_{1-2}=90000\text{L/h}=25\text{L/s}$，该管段的设计充满度取 0.5，设计坡度 $I=0.004$。

由 $Q=vA$ 及 $v=\dfrac{1}{n}R^{\frac{2}{3}}I^{\frac{1}{2}}$ 可知：$25\times10^{-3}=\dfrac{1}{0.009}\left(\dfrac{d}{4}\right)^{\frac{2}{3}}I^{\frac{1}{2}}\dfrac{\pi}{4}d^2$

解得 $d=187$mm，由规定可知：干管为埋地塑料管，最小管径要求为 200mm，经比较后该管段的管径应取 200mm。

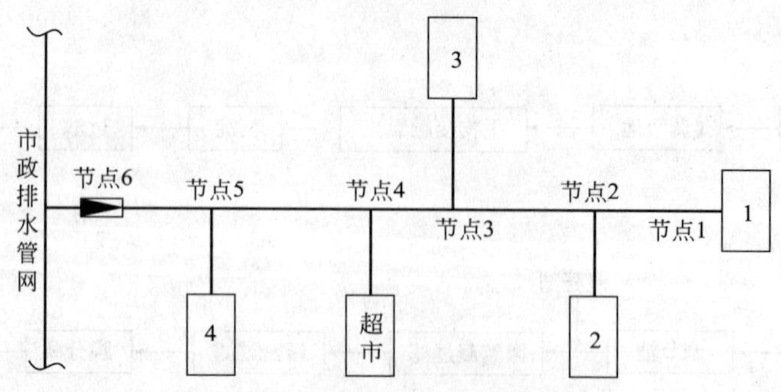

图 9-2 室外排水管道计算草图

校核流速：$v=\frac{1}{n}R^{\frac{2}{3}}I^{\frac{1}{2}}=\frac{1}{0.009}\left(\frac{d}{4}\right)^{\frac{2}{3}}0.004^{\frac{1}{2}}=0.95\text{m/s}$

流速介于 0.6～5m/s 之间，满足要求。故该管段管径为 200mm，坡度为 0.004 满足要求。

(3) 管段 2—3 排水设计流量：$Q_{2-3}=Q_1+Q_2=90000\times2\text{L/h}=50\text{L/s}$，该管段设计充满度为 0.5，设计坡度 $I=0.004$。

由 $Q=vA$ 及 $v=\frac{1}{n}R^{\frac{2}{3}}I^{\frac{1}{2}}$ 可得：$d=242$mm，取管径为 250mm。校核后流速为 1.1m/s，满足要求。

(4) 管段 3—4 排水设计流量：$Q_{3-4}=Q_1+Q_2+Q_3=90000\times2\text{L/h}=75\text{L/s}$，该管段设计充满度为 0.5，设计坡度 $I=0.004$。

由 $Q=vA$ 及 $v=\frac{1}{n}R^{\frac{2}{3}}I^{\frac{1}{2}}$ 可得：$d=282$mm，取管径为 300mm。校核后流速为 1.25m/s，满足要求。

(5) 管段 4—5 排水设计流量：$Q_{4-5}=Q_1+Q_2+Q_3+Q_{商场}=(90000\times3+7200)\text{L/h}=77\text{L/s}$，该管段设计充满度为 0.5，设计坡度 $I=0.004$。

由 $Q=vA$ 及 $v=\frac{1}{n}R^{\frac{2}{3}}I^{\frac{1}{2}}$ 可得：$d=285$mm，取管径为 300mm。校核后流速为 1.25m/s，满足要求。

(6) 管段 5—6 排水设计流量：$Q_{3-4}=Q_1+Q_2+Q_3+Q_4+Q_{商场}=(90000\times4+7200)\text{L/h}=102\text{L/s}$，该管段设计充满度为 0.5，设计坡度 $I=0.004$。

由 $Q=vA$ 及 $v=\frac{1}{n}R^{\frac{2}{3}}I^{\frac{1}{2}}$ 可得：$d=317$mm，取管径为 350mm。校核后流速为 1.38m/s，满足要求。

3. 答：中水产水量：$Q_{C2}=(1-n)Q_Y=0.9\times60=54\text{m}^3/\text{d}$

生活用水日补给水量为：$Q_{bj}=Q_{zy}-Q_{C2}=56-54=2\text{m}^3/\text{d}$

4. 答：$Q_Y=\sum\alpha\cdot\beta Q_d b=0.67\times0.8\times500\times100\%=268\text{m}^3/\text{d}$

5. 答：$Q_Y=\sum\alpha\cdot\beta Q_d b=0.67\times0.8\times500\times(29.3\%+6.0\%+22\%)=153.6\text{m}^3/\text{d}$

6. 答：原水调节池容积为：$W_1=\alpha_1 Q_C=(0.35\sim0.5)\times40=14\sim20\text{m}^3$

中水调节池容积为：$W_2=\alpha_2 Q_{ZY}=(0.25\sim0.35)\times35=8.75\sim12.25\text{m}^3$

7. 答：中水日处理水量为：$Q_C=(1+n)Q_{ZY}=1.15\times(30+18)=55.2\text{m}^3/\text{d}$

中水溢流水量为：$Q_{Y1}=Q_Y-Q_C=105-55.2=49.8\text{m}^3/\text{d}$

中水系统污水排放量为：

$Q_{污水}=Q_{Y1}+Q_{厨房}+Q_{冲厕}=49.8+23\times0.9+30=100.5\text{m}^3/\text{d}$

8. 答：(1) 确定各类建筑物内厕所、厨房、淋浴、盥洗、洗衣及绿化、浇洒等用水量，计算结果见表 9-1。

表 9-1 用水量

水 量	冲厕水	厨房水	淋浴用水	盥洗用水	洗衣用水	绿化、道路洒水量
用水量/(m^3/d)	5.12	5.12	7.94	1.66	5.76	2.56
可集流中水原水量/(m^3/d)	5.12	4.1	6.35	1.33	4.61	0

(2) 中水供水对象：冲洗便器、庭院绿化及道路洒水。

(3) 确定原水集流对象。若选择优质杂排水，则可集流中水原水量为：

$$Q_Y = 6.35 + 1.33 + 4.61 = 12.29 m^3/d$$

而中水用水量为：$Q_{ZY} = 5.12 + 2.56 = 7.68 m^3/d$

中水处理水量为：$Q_C = (1+n) Q_{ZY} = 8.83 m^3/d$

从结果可知：$Q_Y > Q_C$，所以中水原水选择优质杂排水就可以满足中水水量要求。

(4) 中水溢流水量 $Q_{Y1} = Q_Y - Q_C = 3.46 m^3/d$

(5) 水量平衡图见图 9-3。

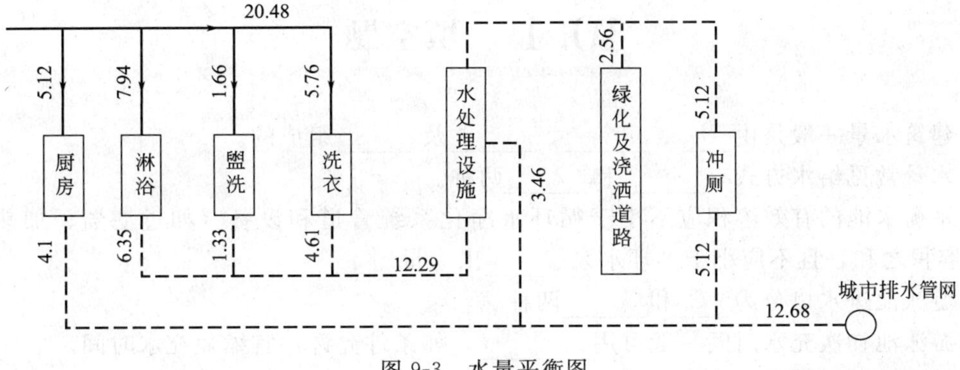

图 9-3 水量平衡图

10 特殊建筑给排水工程

10.1 填空题

1. 建筑水景一般是由____、______、______及______组成的。

2. 水景常见给水方式有______和______两种。

3. 平衡水池的有效容积应不小于循环水净化系统管道和设备（如过滤器、加热器等）内的水容积之和，且不应小于循环水泵______出水量。

4. 游泳池进水口分为____和______两种。

5. 游泳池初次充水时间一般可用________，如条件允许，宜缩短充水时间。

6. 游泳池的循环方式有____、____和______三种。

7. 循环水泵吸水管内的水流速度宜采用__________；水泵出水管内的水流速度宜采用________。

8. 循环给水管内的水流速度不宜超过___________m/s；循环回水管内的水流速度宜采用____m/s。

9. 毛发聚集器的过滤筒应用______或______制造，滤孔直径宜采用______。

10. 游泳池混凝剂常用________、________或________等，投加量随________、________和________而变化，一般投加量为__________，实际运行中可经检验而确定________。

11. 游泳池 pH 值调整剂一般可用________、______或________，投加量为______，具体应根据池水的酸碱度而调整投药量。为防止藻类生长，可投加______。

12. 游泳池池水常用的消毒方法有______、______及______等，以______使用最多。

13. 投氯量应满足消灭水中细菌的需要，一般夏季用量为______、冬季用量为______，使游离余氯量为_____、化合性余氯为_____以上。

14. 溢流水槽有____________________和____________________两大类。

15. 游泳池和水上游乐池的初次充水时间，应根据使用性质、城市给水条件等确定，宜小于______，最长不得超过______。

10.2 单项选择题

1. 为防止水质污染，当游泳池、水上游乐池、按摩池、水景观赏池、循环冷水集水池等充水或补水管道出口与溢流水位之间的空气间隙小于出口管径 2.5 倍时，应采取的措施是（　　）。

A. 在水池水面设置浮球阀　　B. 在充（补）水管上设置止回阀
C. 在充（补）水管上设置闸阀　　D. 在充（补）水管上设置倒流防止器

2. 以下游泳池的池水水质卫生标准规定与现行的《建筑给水排水设计规范》（GB 50015—2003）（2009 年版）规定不一致的是（　　）。

A. 世界级比赛用游泳池的池水水质卫生标准应符合国际游泳协会（FINA）关于游泳池池水水质卫生标准的规定

B. 国家级比赛用游泳池的池水水质卫生标准应按我国现行的《人工游泳池池水水质卫生标准》的规定执行

C. 高级宾馆内附建的游泳池的池水水质卫生标准宜参照国际游泳协会（FINA）关于游泳池池水水质卫生标准执行

D. 公共游泳池的池水水质卫生标准，应符合我国现行有关的卫生标准

3. 游泳池循环供水系统应根据（　　）因素，设计成一个或若干个独立的循环系统。

A. 水质、水温、水压和使用功能等　　B. 水量、水温、水压和使用功能等
C. 水质、水温、水压和使用人数等　　D. 水质、水温、水量和使用功能等

4. 游泳池水采用混合流循环时，从池水表面溢流的回水量，宜按循环水量的（　　）确定。

A. 30%　　B. 40%　　C. 50%　　D. 60%

5. 游泳池和水上游乐池的池水使用瓶装氯气消毒时，氯气必须采用（　　）投加方式。

A. 正压自动　　B. 气泵　　C. 负压自动　　D. 手动

6. 室内游泳比赛池池水设计温度是（　　）。

A. 18～20℃　　B. 18～20℃　　C. 18～20℃　　D. 18～20℃

7. 比赛用游泳池水水质，对游泳池的循环水应采用下列哪种处理流程？（　　）

A. 过滤、消毒处理　　B. 过滤、加药和消毒处理
C. 混凝沉淀、过滤和加热处理　　D. 沉淀、过滤和消毒处理

8. 某室内游泳池循环水流量为 $550m^3/h$，循环水过滤拟采用 4 个立式压力滤罐，其滤料采用单层石英砂，粒径为 0.5～0.85mm，滤层厚度为 800mm，取滤速 $V=20m/h$，计算单个压力滤罐的直径应为（　　）。

A. 5.92m　　B. 2.42m　　C. 2.10m　　D. 2.96m

9. 游泳池池水循环净化给水系统的选择，以下各项中与现行的《建筑给水排水设计规范》（GB 50015—2003）（2009 年版）规定不一致的是（　　）。

A. 竞赛池、跳水池和热身池，应分别选用各自独立的循环水净化给水系统

B. 多个游泳池如果循环方式相同、水温要求相同，可以共用一组池水净化处理系统，但应设分水器分别设管道接至不同的游泳池

C. 游泳池可不分类型与有特殊要求功能的循环给水系统合并设置一套池水净化系统

D. 儿童池和幼儿池宜采用独立的池水净化给水系统

10. 游泳池的循环水水流组织，以下各项要求不符合规范的是（　　）。

A. 游泳池给水口与回水口的位置，应使水流分布均匀，不短流和不产生涡流及配水区，使已被净化后的水与池内水有序混合，更新交换

B. 游泳池表面较脏的池子表面水可以不作要求

C. 游泳池为混合式循环水系统时，从池子表面溢流的回水量不小于 60%泳池循环水量；从池底回水口回去的回水量不大于泳池循环水量的 40%

D. 有利于环境卫生的保持及管道、设备的施工和维护管理

11. 游泳池池水循环周期的确定原则，以下各项中不符合规范规定的是（　）。

A. 游泳池的使用性质　　B. 游泳池的容积

C. 游泳池的池水深度　　D. 游泳池的水温

12. 温水游泳池水循环净化的工艺流程，以下各项中正确的是（　）。

A. 游泳池—毛发聚集器—循环水泵—过滤器—加热器—消毒—游泳池

B. 游泳池—毛发聚集器—循环水泵—过滤器—软化—水加热器—消毒—游泳池

C. 游泳池—循环水泵—毛发聚集器—游泳池

D. 游泳池—循环水泵—过滤器—加热器—游泳池

13. 游泳池池水过滤器的过滤速度，以下各项中不符合规范规定的是（　）。

A. 竞赛游泳池、公共游泳池、水上游乐池等不同类型池有不同滤速

B. 与滤料种类有关

C. 池水过滤器的过滤速度与过滤器配水形式有关

D. 与运行周期有关

14. 以下有关游泳池臭氧全流量、分流量消毒系统的叙述中，哪一项是正确的？（　）

A. 全流量消毒系统是对全部循环水量进行消毒

B. 分流量消毒系统仅对25%的循环水量进行消毒

C. 因臭氧是有毒气体，故分流量、全流量臭氧消毒系统均应设置剩余臭氧吸附装置

D. 分流量消毒系统应辅以氯消毒，全流量消毒系统可不设长效辅助消毒设备

15. 某训练游泳池长50m，宽25m，平均水深1.8m，池水采用净化循环系统，其最小循环水量应为（　）。

A. $295.31m^3/h$　　B. $393.75m^3/h$

C. $412.50m^3/h$　　D. $590.63m^3/h$

16. 游泳池池水消毒，下面规定与设计规范相违背的是：（　）。

A. 游泳池及游乐池池水必须进行消毒杀菌

B. 采用氯及其制品作为消毒剂，为节省投加设备及减少操作管理上的麻烦，将消毒剂直接注入水中

C. 选择消毒剂时应选择杀菌能力强，有持续杀菌功能，不对池水和环境造成二次污染，对人体无刺激或刺激很小和能就地取材的消毒剂

D. 加氯间应设防毒防水和防爆装置

17. 采用臭氧消毒时，下面规定与设计规范不相符合的是：（　）。

A. 臭氧投加量宜为0.6～1.0mg/L并应采用负压投加方式

B. 臭氧与池水应充分混合、接触、反应，且反应时间应满足规定

C. 对于多余的臭氧可以不作处理而让它代替长效消毒剂

D. 投加系统应采用全自动控制，并与循环水泵连锁

18. 游泳池的水质监测，下面各项中不符合规范要求的是：（　）。

A. 竞赛池、宾馆及大型水上游乐池应采用全自动池水水质监测系统

B. 水质监测的基本项目为池水的pH值、余氯量、臭氧氧化还原电位、池水温度等

C. 根据水质监测项目的探测传感信号，能准确地调整各种药剂的投加量

D. 季节性露天游泳池可以不设池水水质监测装置

19. 游泳池池水净化设备机房的设计，下面各项要求与规范规定不一致的是：（　）。

A. 靠近热源、排水干管及方便运输设备、化学药品的一侧

B. 消毒设备和加药设备宜为独立的房间，并设独立的通风排风装置，保持房间清洁，干燥和通风良好

C. 消毒设备间应设有防毒、防火、防爆、防气体泄漏等报警装置或措施

D. 消毒、加药及药剂库等对建筑墙面、地面、门窗等无任何特殊要求

20. 公共游泳池池水循环周期为（　　）。

A. 2～4h　　B. 4～6h　　C. 6～8h　　D. 8～10h

21. 下面四个游泳池循环净化处理系统图示中，哪一项是正确的？（　　）

A. 图（a）　　B. 图（b）　　C. 图（c）　　图（d）

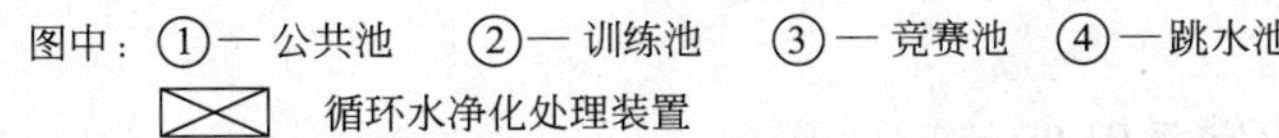

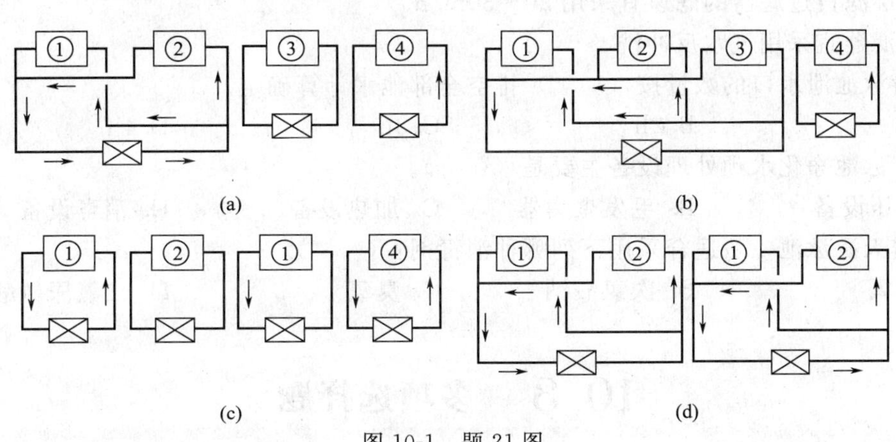

图 10-1　题 21 图

22. 下列关于游泳池过滤器的设计要求中，哪项是错误的？（　）

A. 竞赛池、训练池、公共池的过滤器应分开设置，不能共用

B. 过滤器的数量不宜小于 2 台，且应考虑备用

C. 压力过滤器应设置布水、集水均匀的布、集水装置

D. 为提高压力过滤器的反洗效果，节省反洗水量，可设气、水组合反冲洗装置

23. 某水上游乐中心设有公共池、竞赛池、训练池、跳水池、池水循环净化处理系的主要设计参数见表 10-1，则正确的系统设计应为（　　）。

A. a、b 合设一个循环系统，c、d 设独立循环系统

B. a、b、c 合设一个循环系统，d 设独立循环系统

C. b、c 合设一个循环系统，a、d 设独立循环系统

D. a、b、c、d 均设立独立循环系统

表 10-1　题 23 表

项　目	公共池(a)	竞赛池(b)	训练池(c)	跳水池(d)
循环方式	顺流	逆流	逆流	逆流
循环次数/(次/d)	6	6	6	3
水温/℃	27	27	28	28

24. 某标准游泳池平面尺寸为 50m×25m，水深 2.0m，循环水采用多层滤料过滤器过

滤，循环周期 5h，水容积附加系数 $a=1.05$，选用 4 台过滤器，则过滤器的最小直径应为下列哪项？（　　）

A. 2.52m　　B. 2.82m　　C. 2.36m　　D. 4.00m

25. 儿童游泳池池水循环周期为（　　）。

A. 2～4h　　B. 4～6h　　C. 6～8h　　D. 8～10h

26. 比赛训练池池水循环周期（　　）。

A. 2～4h　　B. 4～6h　　C. 6～8h　　D. 8～10h

27. 下列关于游泳池循环水过滤器的叙述中，符合《建筑给水排水设计规范》（GB 50015—2003）（2009 年版）的是：（　　）。

A. 过滤器反冲洗管道不得与市政给水管网间接连接

B. 过滤器不宜多于两个

C. 多层滤料过滤器的滤速宜采用 20～30m/h

D. 过滤器宜采用气水反冲洗

28. 游泳池泄水口的数量按（　　）排空全部池水计算确定。

A. 1h　　B. 2h　　C. 3h　　D. 4h

29. 游泳池净化水预处理设备主要是（　　）。

A. 加压设备　　B. 毛发聚集器　　C. 加热设备　　D. 消毒设备

30. 露天游泳池一般适合采用下列哪种消毒剂？（　　）

A. 液氯　　B. 次氯酸钠　　C. 臭氧　　D. 二氯尿氰酸钠

10.3　多项选择题

1. 下列有关游泳池和水上游乐池的初次充水时间哪几项不符合规范要求？（　　）

A. 宜小于 12h，最长不得超过 24h　　B. 宜小于 20h，最长不得超过 36h

C. 宜小于 24h，最长不得超过 48h　　D. 宜小于 36h，最长不得超过 72h

2. 下述游泳池池水循环系统中平衡水池和均衡水池的作用和设置要求哪几项是正确的？（　　）

A. 顺流式、逆流式循环供水系统中应分别设置均衡水池和平衡水池

B. 平衡水池和均衡水池均起稳定池水水面的作用，其池水最高水面应与游泳池水面相同

C. 平衡水池和均衡水池都可接入泳池补充水，实现间接补水

D. 均衡水池具有调节泳池负荷不均匀时溢流回水量浮动的作用

3. 下列有关游泳池氯消毒的叙述哪几项是错误的？（　　）

A. 氯消毒剂宜优选次氯酸钠，特别是成品次氯酸钠消毒剂

B. 次氯酸钠杀菌效果好，但不能降低池水中有机物的含量

C. 使用氯气消毒会使池水中的 pH 值升高，使用次氯酸钠消毒会使池水中的 pH 值降低

D. 小型游泳池宜采用氯片消毒，使用简便，可直接投入池水中

4. 某水上游乐中心建有：a——比赛池；b——形状不规则，分浅深水区的公共游泳池；c——儿童池。以下各类池水所选循环方式哪几项是正确合理的？（　　）

A. a——逆流式，b——顺流式，c——直流式

B. a——混流式，b——顺流式，c——直流式

C. a——混流式，b——逆流式，c——混流式

D. a——逆流式，b——逆流式，c——顺流式

5. 下列关于游泳池循环进化系统设计的叙述中，哪几项是正确的？（　　）

A. 进水时采用逆流式循环时，应设置均衡水池

B. 池水采用顺流式循环时，一般设置平衡水池

C. 比赛或训练用游泳池池水只能采用混合式循环方式

D. 池水采用混合式循环时，应设置均衡水池，符合一定条件下可设平衡水池

10.4 问答题

1. 何谓循环周期？
2. 何谓反冲洗？
3. 何谓历年平均不保证时？
4. 何谓水质稳定处理？
5. 何谓浓缩倍数？
6. 何谓水景？
7. 水景对于改善环境所起的作用是什么？
8. 建筑水景给水排水系统由哪些部分组成？
9. 水景排水管道设计的要点有哪些？
10. 水景加压设备设计的要点是什么？
11. 水景水源选择的要点有哪些？
12. 水景水池（湖）设计的要点是什么？
13. 水景灯光与音乐设计的要点是什么？
14. 水景喷头选择的要点是什么？
15. 简述喷泉水力计算步骤。
16. 如何考虑喷泉的水量损失和补充水量？
17. 对游泳池内的水质和水温基本要求是什么？
18. 游泳池补给水箱的设置基本要求有哪些？
19. 游泳池预净化处理设施的主要作用是什么？
20. 游泳池过滤净化工艺的主要作用是什么？
21. 游泳池过滤净化工艺为什么常采用压力过滤器？
22. 为什么水进入过滤器前应投加混凝剂，水回流入池前应投加消毒剂？
23. 常用投药方式和特点是什么？
24. 简述采用氯消毒应特别注意的问题。
25. 简述采用紫外线消毒和臭氧消毒应特别注意的问题。
26. 游泳池有哪些常用附属装置？
27. 简述游泳池安装水下灯应注意哪些问题？
28. 简述为什么在进入游泳池的必经通道上，必须设置强制淋浴及浸脚消毒池？强制淋

浴及浸脚消毒池设置有什么要求？

29. 按照水流形态不同，水景可分为哪几种？每种水景各有什么特点？适用于什么场所？

30. 水景造型的选择应遵循的基本原则是什么？

31. 水景常见给水方式的特点是什么？

32. 水景给水管道系统设计的要点是什么？

33. 试述几种常用水景喷头——直射喷头、散射式（牵牛花）喷头、掺气喷头、缝隙式喷头、组合式喷头的技术特点。

34. 试述喷泉造型选择的要点、常见几种造型的特点以及适用的场所。

35. 试述游泳池的顺流循环、逆流循环和混合循环的特点。

10.5 计算题

1. 某游泳池体积为 $100m^3$，水容积附加系数 $\alpha_{ad}=1.1$，循环周期 $T_p=10h$，试求其循环水量？

2. 某露天公共游泳池，长 50m，宽 25m，平均水深 1.8m，试求该游泳池每天补充的水量？

3. 某露天公共游泳池，长 50m，宽 25m，平均水深 1.8m，试求该游泳池的水净化系统循环水量？

10.6 参考答案

10.1 填空题

1. 水面建筑　照明系统　水池　给水排水系统
2. 直流系统　循环系统
3. 5min
4. 可调进水口　不可调进水口
5. 24～48h
6. 顺流循环　逆流循环　混合循环
7. 1.0～1.5m/s　1.5～2.0m/s
8. 2.5　0.7～1.0
9. 不锈钢　紫铜　3mm
10. 精制硫酸铝　明矾　三氯化铁　水质　水温　气温　5～10mg/L　最佳投加量
11. 碳酸钠　碳酸氢钠　盐酸　3～5mg/L　1～5mg/L 的硫酸铜
12. 氯消毒　紫外线消毒　臭氧消毒　氯消毒
13. 5mg/L　2mg/L　0.4～0.6mg/L　1.0mg/L
14. 池壁式溢流水槽　池岸式溢流水槽
15. 24h　48h

10.2 单项选择题

1. D　2. B　3. A　4. D　5. C　6. C　7. B　8. D　9. C　10. B

11. D　12. A　13. D　14. B　15. B　16. B　17. C　18. D　19. D　20. B
21. C　22. B　23. D　24. C　25. A　26. B　27. C　28. D　29. B　30. D

10.3　多项选择题

1. ABD　2. CD　3. C　4. AB　5. ABD

10.4　问答题

1. 答：循环水系统构筑物或输水管道内的有效水容积与单位时间内循环量的比值。

2. 答：当滤料层截污到一定程度时，用较强的水流逆向对滤料层进行冲洗。

3. 答：累计历年不保证总小时数的年平均值。

4. 答：为保持循环冷却水中的碳酸钙和二氧化碳的浓度达到平衡状态（既不产生碳酸钙沉淀而结垢，也不因其溶解而腐蚀），并抑制微生物生长而采用的水处理工艺。

5. 答：循环冷却水的含盐浓度与补充水的含盐浓度的比值。

6. 答：人工建造的水体景观。

7. 答：随着人居环境的不断改善，水景已不再仅是园林建筑的一部分，也成为建筑与建筑小区的重要部分。建筑水景是在建筑环境中，运用各种水流形式、姿态、声音组成千姿百态的水流景色，可以起到美化庭院、增加生气、改进建筑环境、装饰厅堂、提高艺术效果的作用。水景散发出的水滴具有调节空气湿度、降低气温、去除灰尘、构成人工小区气候的功能，起到净化空气、改善小区气候的作用。其水池还可作为其他用水的水源，如消防、绿化、养鱼等。

8. 答：建筑水景给水排水系统由水源、水池、加压设备、供水管路、出水口或喷头、管路配件、回水管路、排水管道、溢水管路等部分组成，需要时还要增加水处理过滤装置。

9. 答：池内还要装设溢流管及排水管，排水管上需要安装闸门，在排水管的闸门之后，可与溢流管合并成一条总排水管，排入雨水管中。

10. 答：喷泉的加压设备多选用离心清水泵、潜水泵。有循环加压泵房时采用清水泵，无条件设加压泵房时采用潜水泵。根据喷头出口压力与流量经水力计算确定水泵流量和扬程。泵房设于喷水池附近，以利观察和调整喷水效果。也有将泵房置于喷水池之下的地下泵房，加压水泵也可作为泄空水池排水之用。用加压泵排水时，排水出口要加消能井。

11. 答：水景水质应符合现行《景观娱乐用水水质标准》的规定。当喷头对水质有特殊要求时，循环水应进行过滤等处理。一般可采用生活饮用水、清洁的生产用水和清洁的河、湖水为水源。小型喷泉用水量很小时，可采用自来水作为水源的直流系统；在大型喷泉采用循环系统时，如附近有适宜的生产用水或天然水源时，可以用来作为水源。也可以采用自来水作为补充用水的水源。

12. 答：水池（湖）是水景的主要组成部分之一，它具有点缀景色、贮存水量和装设给水排水管道系统的作用，也可装置潜水循环水泵。水池的形式可用圆形、方形、多边形及荷叶边形等。池的大小视需要而定。池的深度一般不小于0.5m。池底应有坡度坡向集水坑，以利检修和冬季泄空之用。如配水管路设于水池底上时，管上应敷设卵石掩盖使较为美观。小型水池可用砖石砌造，大池宜用钢筋混凝土制造。水池（湖）要求防水、防渗、防冻，以免损坏和渗漏，浪费水资源。

13. 答：喷水池喷出千姿百态的水景，如再配以五颜六色的彩灯，则更增加动人的景色。灯光视需要而定，一般黄绿色视感度最强，红蓝色较弱，灯应距喷头较近，照光效果好，音乐喷泉的水柱随音乐声音的高低、强弱，通过电控而起伏跳动，更增添喷泉的生动美妙之感，颇受人们喜爱。

14. 答：喷头选择应根据喷泉水景的造型确定，为保证喷泉的喷水效果，首先必须保证喷头的质量要求。喷头材质应选用不易锈蚀、经久耐用、易于加工的材料，常用青铜、黄铜、不锈钢等金属材料。小型喷头也可选用塑料、尼龙制品。为保持水柱形状，喷头加工制作必须精密，表面采用抛光或磨光，各式喷头均需符合水力学要求。具体选择何种喷头应根据喷泉水景的造型确定，流量与扬程计算按厂家给出的产品性能参数确定。

15. 答：(1) 根据总体规划选择水景形式；

(2) 确定喷头数量；

(3) 计算管道系统的管径、循环流量、管道阻力，选择循环水泵；

(4) 计算并确定循环水泵房的工艺尺寸。

16. 答：(1) 喷泉在运行中水量的损失包括风吹、溢流、排污、蒸发和渗漏等。一般可按各种水景形式循环流量或水池容量的百分数计算。

(2) 补充水量除满足最大损失水量外，还要满足运行前的充水要求。充水时间一般可按 24～48h 考虑。对非循环的镜池等静水面，从卫生和美观考虑，每月宜换水 1～2 次。

17. 答：(1) 对水质基本要求：游泳池内的水质应符合《生活饮用水卫生标准》的要求，人工游泳池水质卫生标准应符合相关国家标准。

(2) 对水温基本要求：游泳池内的水温，室内以 25～29℃为宜，儿童池为 28～30℃；有加热装置的露天游泳池采用 26～28℃，无加热装置时为 22～23℃。

18. 答：(1) 补给水箱水面与泳池溢流水面具有大约 100mm 的高差；

(2) 水箱容积不必太大，但水箱的进水量宜大，且应靠近泳池设置；

(3) 进水管可设两个进水浮球阀，或一个低噪声的液压式进水阀。进水间出口应高于游泳池溢流水位 100mm 以上，以防止水回流造成污染；

(4) 对游泳池连通管的直径，除了考虑初次充水的流量外，还应考虑补水时的阻力损失。连通管不必设阀门；

(5) 补给水箱的材料，可以和生活贮水池（箱）相同，若采用钢筋混凝土或砖砌体作箱体时，池壁及池底应铺砌白瓷片；采用金属结构时，可用不锈钢焊接，也可用玻璃钢水箱，不可采用碳钢涂防腐油漆的水箱。

19. 答：当游泳池的水进入循环系统时，应先进行预净化处理，以防止水中夹带颗粒状物、泳者留下的毛发及纤维物体进入水泵及过滤器。否则，既会损坏水泵叶轮又影响滤层的正常工作。所以，在循环回水进入水泵之前、吸水管阀门之后，必须设置毛发聚集器。

20. 答：过滤可将水中的微小颗粒、悬浮物及部分微生物截留于滤层之外，从而降低水的浑浊度。

21. 答：压力过滤器过滤效率高、操作简便且占用建筑面积少。

22. 答：水进入过滤器前，应投加混凝剂，使水中的微小污物吸附在絮凝体上，以提高过滤的效果。滤后水回流入池前，应投加消毒剂消灭水中的细菌。同时，为使进入泳池的滤后水 pH 值保持在 6.5～8.5 之间，需投药调节 pH 值。

23. 答：常用电动计量泵，其优点是能够进行定时、定量投加，当需要变更投药量时，可按需调整，使用方便。

24. 答：氯消毒应用于游泳池时，不要使用液氯，因氯有气味并对游泳者的眼睛会产生一定的刺激作用。特别是液氯属危险物品，在运输及使用过程中，万一出现泄漏事故，会造成人员的伤亡。目前使用的含氯消毒剂有氯片、漂粉精、二氧化氯及次氯酸钠溶液等。一般使用二氧化氯消毒器及次氯酸钠发生器产生二氧化氯及次氯酸钠溶液，也可直接向化工厂购买其成品溶液直接使用。固体状的消毒剂应调配成溶液后湿式投加。

25. 答：紫外线消毒和臭氧消毒是有效的杀菌消毒方法，但成本较高，而且无持续的杀菌效果，不能消灭游泳者带入的细菌，故用于游泳池的水消毒有其局限性。采用这两种方法消毒游泳池水后，还要辅以氯消毒，以达到水质卫生标准中的余氯量。

26. 答：进水口、回水口、泄水口、吸污设备、溢流水槽（沟）、水下灯等。

27. 答：由于灯具安装于水中，且与人体接近，要求低压直流供电，电线及其连接方法均必须防水。

28. 答：(1) 为了减少游泳者带入池内的细菌，在进入游泳池的必经通道上，设置强制淋浴及浸脚消毒池。

(2) 强制淋浴应为自动控制，有人通过时，淋浴器才喷水，人通过后自动停止供水。浸脚消毒池应设于强制淋浴之后，且有一定距离，防止淋浴水溅入而使消毒液稀释。消毒池长度不小于 2m，液深不小于 0.15m，消毒液余氯量不低于 10mg/L。消毒液的排放管应用塑料给水管，并安装塑料阀门控制。为防止管道被杂物或泥沙堵塞，公称管径不宜小于 80mm。

29. 答：(1) 池水式或湖水式。在广场、庭院及公园中建成池（湖），微波荡漾，群鱼戏水，湖光倒影，相映成趣，分外增添优美景色。特点是水面开阔且不流动，用水量少，耗能不大，又无噪声，是一种较好的观赏水池。常见形式有镜池（湖）与浪池（湖）。

（2）喷水（喷泉）。是水景的主要形式。在水压作用下，利用各种喷头喷射不同形态的水流，组成千姿百态的形式，构成美丽的图景，若再配以彩灯，则景观效果更好。近几年来有使用音乐控制的喷泉，喷射水柱随音乐声音的大小而跳动起落，使人耳目一新，给人以美的享受，还有与各种雕塑相配合，组成各种不同形式的喷泉。适用于各种场合，室内外均可采用，如在广场、公园、庭院、餐厅、门厅及屋顶花园等。常见形式有射流（直射）、冰塔（雪松）、冰柱、水膜、水雾。

（3）流水。使水流沿小溪流行，形成涓涓细流，穿桥绕石，潺潺流水，引人入胜，可使建筑环境生动活泼，一般耗能不大。它可用于公园、庭院及厅堂之内。常见形式有溪流、渠流、漫流、旋流。

（4）涌水。水流自低处向上涌出，带起串串闪亮如珍珠般的气泡，或制造静水涟漪的景观，别有一番情趣。大流量涌水令人赏心悦目，可用于多种场合。常见形式有涌泉、珠泉。

（5）跌水。水从高处突然跌落，飞流而下，哗哗流水，击起滚滚浪花，形成雄伟景观。或水幕悬吊，飘飘下垂。若使水流平稳、边界平滑，会给人以晶莹透明，视若水晶的感觉。近年来在有些城市的中心广场，将宏大的水幕作为银幕放映电影，可谓是景中生景。如果建在建筑大厅内，效果也不错。缺点是运行噪声较大，能耗高。常见形式有水幕、瀑布、壁流、孔流、叠流。

30. 答：应根据置景环境、艺术要求与功能选择适当的水流形态、水景形式和运行方式。应遵循的基本原则如下。

（1）服从建筑总体规划，与周围建筑相协调。以水景为主景观的要选择超高型喷泉、音乐喷泉，水幕、瀑布、叠流、壁流、湖水等以及组合水景。陪衬功能的水景要选择溪流、涌泉、池水、叠流、小型喷泉等。安静环境要选择以静为主题的水景，热闹环境要选择以动为主题的水景。还要做到主次结合，粗细、刚柔并进。

（2）充分利用地形、地貌和自然景色做到顺应自然、巧借自然、使水景与周围环境融为一体，节省工程造价。

（3）考虑建成后对周围环境的影响，对噪声有要求时尽量选择以静水为主的水景，喷洒水雾对周围建筑有影响时尽量不要选超高喷泉等。

（4）组合水景水流密度要适当，幽静淡雅主题，水流适当稀疏一些。壮观主题，水流适当丰满粗壮一些。活泼快乐主题，水柱数量与变化多一点。

31. 答：（1）直流系统。如果水景用水量小，其水源的供水能满足使用要求，为了节省能量、简化装备，可采用直流方式。水源一般采用城市给水管网供水，也可采用再生水作为景观水源，使用后由水池溢流排入雨水或排水管中。

（2）循环系统。大型水景观或喷泉，由于用水量较大，喷水所需压力较高，城市供水不能满足需要。为了节省用水，可以采用循环用水系统，即喷射后的水流回集水池，然后由水泵加压供喷水管网循环使用，平时只需补充少量的损失水量。损失水量包括蒸发、排污及随风吹散等部分。对小型的水景，可在水池中设置潜水泵，就地循环，不必另建集水池和泵房。

32. 答：喷泉的给水管道分为水源引入管与喷泉配水管，配水管上装设喷头，为了保持各喷头的水压均匀，配水管常采用环形管，并使喷头在管上对称布置。每组喷头应有调节阀门，阀门常采用球阀，以便调节喷水量和喷水高度。管线布置应力求简短，流速不可过快，以减小压力损耗。管道安装技术要求较高，转弯应当圆滑，管径要渐变，接口要严密，安装喷头处必须光滑无缺口，无粗糙和毛刺。管道安装应有不小于0.02的坡度，坡向集水坑，以便于泄空水池。在选用管材时，输水管可用铸铁管或钢管，配水管用钢管、塑料管、不锈钢管、复合管等。钢管应涂防腐材料。管路配件包括球阀、电磁阀、电动阀、蝶阀、止回阀、水位控制阀等。为了保持池中正常水位，还需设置补充水管，以补充喷水池的水量损失。补充水管可装设浮球阀或其他自动控制水位的设备。

33. 答：（1）直射喷头。水流沿筒形或渐缩形喷嘴直接喷出，形成较长水柱，是喷头的基本形式。其构造简单，造价低廉。如果制成球形铰接，可以调节喷射角度。

（2）散射式（牵牛花）喷头。水流在喷头内由于离心作用或导叶的旋转作用而喷出，散射成倒立圆锥形或牵牛花形。有时也用于工业冷却水水池中；也可利用挡板或导流板，使水散射成倒圆锥形或蘑菇形。

(3) 掺气喷头。利用喷头喷水造成的负压，吸入大量空气或使喷出水流掺气，体积增大，形成乳白色粗大水柱，非常壮观，景观效果很好，也是常用的一种喷头。

(4) 缝隙式喷头。喷水口制成条形缝隙，可喷出扇形水膜；或使水流折射而成扇形；如制成环形缝隙则可喷成空心圆柱，使用较小水量造成壮观的粗大水柱。

(5) 组合式喷头。用几种喷头或同一种多个喷头构成一种组合喷头，可以喷出极其壮观的水流图案。这种组合的喷头种类繁多。

34. 答：运用基本射流，可以设计出多种优美的喷泉造型。设计射流的形式、喷射高度、喷水池平面形状等方案时，应仔细考虑喷泉所处的位置、地形、周围建筑以及所要形成的气氛，必须使喷泉与建筑协调，增加建筑的美感，使人们在观赏时可以得到美的享受。

(1) 单股射流。由一股垂直上射的水柱形成，水柱高度视需要而定，可由几米到几十米，甚至可达百余米。小型单股射流可设置于庭院或其他地方，设备简单，装设方便，在不大的范围内形成较好的景观效果。

(2) 密集射流。是由多个单股射流组成不同高度的密集射流，形成较大型的几何图形，形式甚为壮观，适用于具有大视野的场合，如车站、广场、机场等处。

(3) 分散射流。利用不同的射角和不同射程的射流组成分散射流喷泉，常用于公共建筑物的广场上。

(4) 组合射流。利用密集射流和分散射流组合而成，可以形成多种多样的美丽图形，适用于大型建筑前广场。

35. 答：(1) 顺流循环的全部循环水量从游泳池的两端壁或两侧壁上部进水（也可采用四壁进水），由深水处的底部回水。底部回水口可与排污口合用。此方式能满足配水均匀、防止出现死水区的要求。设计时应注意进水口均匀布置，且各进水口与回水口的距离大致相同，以防止短流或形成死水区。

(2) 逆流循环方式在池底均匀布置给水口，循环水从池底向上供给，周边溢流回水。这种方式配水较均匀，底部沉积物较少，有利于排除表面污物；但基建投资费用较高。

(3) 混合循环方式从池底和两端进水，两侧溢流回水。

10.5 计算题

1. 答：$q_c=\dfrac{\alpha_{ad}V_P}{T_P}=\dfrac{1.1\times100}{10}=11\text{m}^3/\text{h}$

2. 答：$Q_{补}=50\times25\times1.8\times(10\%\sim15\%)=225\sim337.5\text{m}^3/\text{d}$

3. 答：$Q=\dfrac{50\times25\times1.8}{4\sim6}=375\sim562.5\text{m}^3/\text{d}$

参 考 文 献

[1] 建筑给水排水设计规范（GB 50015—2003）（2009 年版）[S]. 北京：中国计划出版社，2010.

[2] 自动喷水灭火设计规范（GB 50084—2001）（2005 年版）[S]. 北京：中国计划出版社，2005.

[3] 建筑设计防火规范（GB 50016—2006）[S]. 北京：中国计划出版社，2006.

[4] 高层民用建筑设计防火规范（GB 50045—95）（2005 年版）[S]. 北京：中国计划出版社，2005.

[5] 全国民用建筑工程设计技术措施-给水排水 [S]. 北京：中国计划出版社，2009.

[6] 生活饮用水卫生标准（GB 5749—2006）[S]. 北京：中国计划出版社，2006.

[7] 饮用净水水质标准 CJ 94—2005 [S]. 北京：中国计划出版社，2005.

[8] 太阳热水系统设计、安装及工程验收技术规范 GB/T 187130—2002 [S]. 北京：中国计划出版社，2002

[9] 王增长. 建筑给水排水工程. 第 6 版. 北京：中国建筑工业出版社，2010.

[10] 李亚峰，蒋白懿等. 建筑消防工程使用手册. 北京：化学工业出版社，2008.

[11] 陈耀宗，刘振印等. 建筑给水排水设计手册. 第 2 版. 北京：中国建筑工业出版社，2010.

[12] 黄晓家，姜文源. 建筑给水排水工程技术与设计手册. 北京：中国建筑工业出版社，2010.

[13] 刘德明. 建筑给水排水工程习题集. 北京：中国建筑工业出版社，2008.

[14] 崔新明. 高层建筑太阳能热水系统应用研究与工程示范. 杭州：浙江大学出版社，2011.

[15] 固定消防炮系统设计规范（GB 50338—2003）[S]. 北京：中国计划出版社，2003.

[16] 建筑灭火器配置设计规范（GB 50140—2005）[S]. 北京：中国计划出版社，2005.

[17] 彭立春. 给水排水工程专业案例应试宝典. 北京：中国建筑工业出版社，2013.

[18] 注册公用设备工程师执业资格考试命题研究中心. 给水排水专业知识与专业案例. 武汉：华中科技大学出版社，2011.

给排水科学与工程专业应用与实践丛书

本套丛书邀请知名专家进行组织，突出“回归工程”的指导思想，为适应培养高等技术应用型人才的需要，立足教学和工程实际，在讲解基本理论、基础知识的前提下，重点介绍近年来出现的新工艺、新技术与新方法。丛书中编入了更多的工程实际案例或例题、习题，内容更简明易懂，实用性更强，使学生能更好地应对未来的工作。具体丛书品种如下。

书　　名	书号	主编	出版时间	定价(元)
水文与水文地质学	9787122163202	王亚军	2013.5	48.0
水资源利用与保护	9787122162908	徐得潜	2013.5	45.0
给排水科学与工程专业英语	9787122162632	蓝梅	2013.3	32.0
给水排水管网	9787122165053	杨开明,周书葵	2013.6	29.8
建筑给水排水工程	9787122189080	张林军,王宏	2014.1	49.0
建筑给水排水工程习题集	9787122191519	王宏,张林军	2014.1	28.0
给排水科学与工程专业毕业设计基础及实例	9787122174338	刘俊良,李思敏	2014.1	49.0
水处理微生物学	9787122174376	赵远,张崇淼	2014.1	45.0
城镇污水污泥处理构筑物设计计算	9787122181244	崔玉川	2014.1	49.0
给水排水工程施工		唐朝春	2014	
工业水处理		李杰	2014	
水分析化学		张伟,鄢恒珍	2014	
给水排水工程材料、设备和仪表基础		李军	2014	
水质工程学		章北平	2014	
给排水工程CAD基础及应用		杨松林	2014	

如需更多图书信息，请登录 www.cip.com.cn　服务电话：010-64518888，64518800（销售中心）

网上购书可登录化学工业出版社天猫旗舰店：http://hxgycbs.tmall.com

也可通过当当网、卓越亚马逊、京东商城输入书号购买

邮购地址：（100011）北京市东城区青年湖南街13号　化学工业出版社

如要出版新著，请与编辑联系。联系电话：010-64519526